职业教育职业培训改革创新教材

全国高等职业院校、技师学院、技工及高级技工学校规划教材

模具设计与制造专业

模具线切割、电火花加工与技能训练

廖 剑 主 编

张艳军 金 伟 彭惟珠 副主编

吴德永 主 审

U0218046

电子工业出版社

Publishing House of Electronics Industry

北京·BEIJING

内 容 简 介

本书根据高等职业院校、技师学院"模具设计与制造专业"的教学计划和教学大纲，以"国家职业标准"为依据，按照"以工作过程为导向"的课程改革要求，以典型任务为载体，从职业分析入手，切实贯彻"管用"、"够用"、"适用"的教学指导思想，把理论教学与技能训练很好地结合起来，并按技能层次分模块逐步加深模具线切割、电火花加工相关内容的学习和技能操作训练。本书较多地编入新技术、新设备、新工艺的内容，还介绍了许多典型的应用案例，便于读者借鉴，以缩短学校教育与企业需求之间的差距，更好地满足企业用人需要。

本书可作为高等职业院校、技师学院、技工及高级技工学校、中等职业学校模具相关专业的教材，也可作为企业技师培训教材和相关设备维修技术人员的自学用书。

图书在版编目（CIP）数据

模具线切割、电火花加工与技能训练 / 廖剑主编. —北京：电子工业出版社，2013.1
职业教育职业培训改革创新教材　全国高等职业院校、技师学院、技工及高级技工学校规划教材. 模具设计与制造专业

ISBN 978-7-121-17873-3

Ⅰ. ①模… Ⅱ. ①廖… Ⅲ. ①模具—数控线切割—高等职业教育—教材②电火花加工—高等职业教育—教材Ⅳ. ①TG76②TG481③TG661

中国版本图书馆 CIP 数据核字（2012）第 187041 号

策划编辑：关雅莉
责任编辑：郝黎明　特约编辑：裴　杰
印　　刷：北京七彩京通数码快印有限公司
装　　订：北京七彩京通数码快印有限公司
出版发行：电子工业出版社
　　　　　北京市海淀区万寿路 173 信箱　邮编 100036
开　　本：787×1 092　1/16　印张：10.5　字数：269 千字
版　　次：2013 年 1 月第 1 版
印　　次：2025 年 2 月第 13 次印刷
定　　价：25.00 元

凡所购买电子工业出版社图书有缺损问题，请向购买书店调换。若书店售缺，请与本社发行部联系，联系及邮购电话：(010) 88254888，88258888。

质量投诉请发邮件至 zlts@phei.com.cn，盗版侵权举报请发邮件至 dbqq@phei.com.cn。

本书咨询联系方式：(010) 88254617，luomn@phei.com.cn。

张书平	湖南省机械工业技术学院	蔡福洲	广州市白云工商技师学院
陈小兵	湖南省机械工业技术学院	谭永林	广东省中山市技师学院
李飞飞	湖南省机械工业技术学院	杨彩红	广东省中山市技师学院
陈效平	湖南省机械工业技术学院	黄 鑫	深圳市宝山技工学校
陈 凯	湖南省机械工业技术学院	罗小琴	茂名市第二高级技工学校
张健解	湖南省机械工业技术学院	廖禄海	茂名市第二高级技工学校
丁洪波	湖南省机械工业技术学院	许 剑	江苏省徐州技师学院
王碧云	湖南省机械工业技术学院	李 刚	山西职业技术学院
王 谨	湖南省机械工业技术学院	王端阳	祁东县职业中等专业学校
曾尚艮	湖南省机械工业技术学院	刘雄健	祁东职业中等专业学校
简忠武	湖南工业职业技术学院	卢文升	揭阳捷和职业技术学校
易 杰	湖南工业职业技术学院	徐 湘	吉林机电工程学校
刘爱菊	湖南省蓝山县职业技术中专	杨海涛	吉林机电工程学校
彭 强	湖南省株洲第一职业技术学校	武青山	抚顺机电职业技术学校
宋建文	长沙航天工业学校	乔 慧	山东省轻工工程学校
张 源	湖南晓光汽车模具有限公司	李金花	山东大王职业学院
张立安	益阳广益科技发展有限公司	于治策	威海工业技术学校
贾庆雷	株洲时代集团时代电气有限公司	陈代云	福建工业学校
欧汉德	广东省技师学院	林艳如	福建工业学校
邹鹏举	广东省技师学院	李广平	泊头职业学院
洪耿松	广东省国防科技高级技工学校	郝兴发	湖北省荆门市京山县职教中心
李锦胜	广东省机械高级技工学校	程伊莲	湖北城市职业学校

秘 书 处：刘南、杨波、刘学清

出 版 说 明

人才资源是国家发展、民族振兴最重要的战略资源，是国家经济社会发展的第一资源，是促进生产力发展和体现综合国力的第一要素。加强人力资源开发工作和人才队伍建设是加快我国现代化建设进程中事关全局的大事，始终是一个基础性的、全面性的、决定性的战略问题。坚持人才优先发展，加快建设人才强国对于全面实现小康社会目标、建设富强民主文明和谐的社会主义现代化国家具有决定性意义。党和国家历来高度重视人力资源开发工作，改革开放以来，尤其是进入新世纪新阶段，党中央和国务院做出了实施人才强国战略的重大决策，提出了一系列加强人力资源开发的政策措施，培养造就了各个领域的大批人才。但当前我国人才发展的总体水平同世界先进国家相比仍存在较大差距，与我国经济社会发展需要还有许多不适应。为此，《国家中长期人才发展规划纲要（2010—2020 年）》提出："坚持服务发展、人才优先、以用为本、创新机制、高端引领、整体开发的指导方针，培养和造就规模宏大、结构优化、布局合理、素质优良的人才队伍，确立国家人才竞争比较优势，进入世界人才强国行列，为在本世纪中叶基本实现社会主义现代化奠定人才基础。"

职业教育培训是人力资源开发的主要途径之一，加强职业教育培训，创新人才培养模式，加快人才队伍建设是人力资源开发的重要内容，是落实人才强国战略的具体体现，是实现国家中长期人才发展规划纲要目标的根本保证。

职业资格鉴定是全面贯彻落实科学发展观，大力实施人才强国战略的重要举措，有利于促进劳动力市场建设和发展，关系到广大劳动者的切身利益，对于企业发展和社会经济进步以及全面提高劳动者素质和职工队伍的创新能力具有重要作用。职业资格鉴定也是当前我国经济社会发展，特别是就业、再就业工作的迫切要求。

国家题库的建立，对于保证职业资格鉴定工作的质量起着重要作用，是加快培养一大批数量充足、结构合理、素质优秀的技术技能型、复合技能型和知识技能型的高技能人才，为各行各业造就出千万能工巧匠的重要具体措施。但目前相当一部分职业资格鉴定题库的内容已经过时，湖南省职业技能鉴定中心（湖南省职业技术培训研究室）组织鉴定站所、院校和企业专家开发了新的题库，并经过人力资源和社会保障部职业技能鉴定中心审核，获准可以按照新的题库开展相应工种的职业资格鉴定工作。

职业教育培训教材是职业教育培训的重要资源，是体现职业教育培训特色的知识载体和教学的基本工具，是培养和造就高技能人才的基本保证。为满足广大劳动者职业培训鉴定需要，给广大参加职业资格鉴定的人员提供帮助，我们组织参加这次国家题库开发的专家，以及长期从事职业资格鉴定工作的人员编写了这套"国家职业资格技能培训与鉴定教材"。本套丛书是与国家职业标准、国家职业资格鉴定题库相配套的。在本套丛书的编写过程中，贯彻了"围绕考点，服务考试"的原则，把编写重点放在以下几个主要方面。

第一，内容上涵盖国家职业标准对该工种的知识和技能方面的要求，确保达到相应等级技能人才的培养目标。

第二，突出考前辅导的特色，以职业资格鉴定试题作为本套丛书的编写重点，内容上紧紧围绕鉴定考核的内容，充分体现系统性和实用性。

第三，坚持"新内容"为编写的侧重点，无论是内容还是形式上都力求有所创新，使本套丛书更贴近职业资格鉴定，更好地服务于职业资格鉴定。

这是推动培训与鉴定紧密结合的大胆尝试，是促进广大劳动者深入学习、提高职业能力和综合素质、促进人才队伍建设的一项重要基础性工作，很有意义，是一件大好事。

组织开发高质量的职业培训鉴定教材，加强职业培训鉴定教材建设，为技能人才培养提供技术和智力支持，对于提高技能人才培养质量，推动职业教育培训科学发展非常重要。我们要适应新形势新任务的要求，针对职业培训鉴定工作的实际需要，统一规划，总结经验，加以完善，努力把职业培训鉴定教材建设工作做得更好，为提高劳动者素质、促进就业和经济社会发展做出积极贡献。

电子工业出版社 职业教育分社

2012 年 8 月

前　言

本书根据技师学院、技工及高级技工学校、高职高专院校"模具设计与制造专业"的教学计划和教学大纲，以"国家职业标准"为依据，按照"以工作过程为导向"的课程改革要求，以典型任务为载体，从职业分析入手，切实贯彻"管用"、"够用"、"适用"的教学指导思想，把理论教学与技能训练很好地结合起来，并按技能层次分模块逐步加深模具线切割、电火花加工相关内容的学习和技能操作训练。本书较多地编入新技术、新设备、新工艺的内容，还介绍了许多典型的应用案例，便于读者借鉴，以缩短学校教育与企业需求之间的差距，更好地满足企业用人的需求。

本书可作为高职高专院校、技师学院、技工及高级技工学校、中等职业学校模具相关专业的教材，也可作为企业技师培训教材和相关设备维修技术人员的自学用书。

本书的编写符合职业学校学生的认知和技能学习规律，形式新颖，职教特色明显；在保证知识体系完备，脉络清晰，论述精准深刻的同时，尤其注重培养读者的实际动手能力和企业岗位技能的应用能力，并结合大量的工程案例和项目来使读者更进一步灵活掌握及应用相关的技能。

● 本书内容

全书共分为 4 篇，7 个模块、32 个任务，内容由浅入深，全面覆盖了模具线切割、电火花加工知识及相关的操作技能。主要包括电火花加工原理及特点，电火花加工机床的种类，名称、性能、结构和一般传动关系，电火花加工的主要名词术语；电火花线切割的编程，3B格式程序，ISO 格式程序编程，CAXA 线切割软件编程简介，自动编程控制系统；加工路线的确定，线切割加工中的电参数，线径补偿的确定，线切割加工的安全文明生产；电火花线切割机床操作准备，工件的装夹，线切割加工参数实训，线切割机床上丝操作实训，线切割穿丝操作实训，线切割电极丝垂直度调整实训，电极丝定位操作实训；模具电火花线切割加工实例，凸模加工，凹模加工，跳步加工，锥度加工，上下异形面加工；模具电火花成型加工工艺基础，电火花成型加工设备，电火花成型加工中的参数，电火花成型加工工艺，电火花成型加工的安全文明生产；电火花成型机床操作准备，件的装夹与校正，电极的装夹与校正，电极定位，电火花成型编程加工实例等内容。

● 配套教学资源

本书提供了配套的立体化教学资源，包括专业建设方案、教学指南、电子教案等必需的文件，读者可以通过华信教育资源网（www.hxedu.com.cn）下载使用或与电子工业出版社联系（E-mail：yangbo@phei.com.cn）。

● 本书主编

本书由湖南工贸技师学院廖剑主编，湖南工贸技师学院张艳军、金伟，广东省机械高级技工学校彭惟珠副主编，茂名市高级技工学校吴德永主审，湖南工贸技师学院杜婷等参与编写。由于时间仓促，作者水平有限，书中错漏之处在所难免，恳请广大读者批评指正。

● 特别鸣谢

特别鸣谢湖南省人力资源和社会保障厅职业技能鉴定中心、湖南省职业技术培训研究室对本书编写工作的大力支持，并同时鸣谢湖南省职业技能鉴定中心（湖南省职业技术培训研究室）史术高、刘南对本书进行了认真的审校及建议。

主　编

2012 年 8 月

目　录

第三篇   模具电火花线切割加工实例

第四篇   模具电火花成型加工工艺与操作

第一篇　模具电火花线切割编程基础

模块一　电火花基本知识

如何学习

本模块内容为一些电火花线切割原理方面的基础知识，同学们主要以了解、知道为认知标准。

什么是电火花加工

电火花加工又称放电加工（Electrical Discharge Machining，EMD）。它是在加工过程中，使工具和工件之间不断产生脉冲性的火花放电，靠放电时产生的局部、瞬时的高温将金属蚀除下来。这种利用火花放电产生的腐蚀现象对金属材料进行加工的方法称为电火花加工。

任务1　电火花加工原理及特点

任务描述

根据物理知识的回忆，了解电火花加工的原理及其特点。

学习目标

（1）了解电火花加工的基本概念和特点。

（2）知道电火花线加工的分类与发展现状。

（3）掌握电火花线切割加工的基本原理。

（4）熟悉一些电火花加工的名词术语。

任务分析

任务要求对初中物理科目中的电学部分中的电流概念要有一定的理解基础，熟知电流的成因和必要条件。

完成任务

基本概念

1. 电流

（1）定义：电流是指电荷在媒质中的定向运动。

（2）电流的成因：电源的电动势形成了电压，继而产生了电场力，在电场力的作用下，处于电场内的电荷发生定向移动，形成了电流。

（3）电流方向：电流方向规定为与电子运动方向相反。

（4）电流形成的必要条件：①电源的电动势；②构成闭合回路的导体媒质。

2. 电火花加工

电火花加工又称放电加工（Electrical Discharge Machining，EMD）。它是在加工过程中，使工具和工件之间不断产生脉冲性的火花放电，靠放电时产生的局部、瞬时的高温将金属蚀除下来。这种利用火花放电产生的腐蚀现象对金属材料进行加工的方法称为电火花加工。

完成任务

1. 电火花加工原理

电火花加工时，脉冲电源的一极接工具电极，另一极接工件电极，两极均浸入具有一定绝缘度的液体介质（常用煤油或矿物油或去离子水）中。工具电极由自动进给调节装置控制，以保证工具与工件在正常加工时维持一很小的放电间隙（0.01～0.05 mm）。当脉冲电压加到两极之间，便将当时条件下极间最近点的液体介质击穿，形成放电通道。由于通道的截面积很小，放电时间极短，致使能量高度集中（$10 \sim 10^7 \text{W/mm}$），放电区域产生的瞬时高温足以使材料熔化甚至汽化，以致形成一个小凹坑，如图 1-1 所示。第一次脉冲放电结束之后，经过很短的间隔时间，第二个脉冲又在另一极间最近点击穿放电。如此周而复始高频率地循环下去，工具电极不断地向工件进给，它的形状最终就复制在工件上，形成所需要的加工表面。

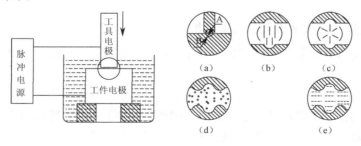

图 1-1　电火花加工原理

2．电火花加工的优点

（1）可以加工难以用金属切削方法加工的零件，不受材料硬度影响。

（2）由于工具电极与工件电极不直接接触，没有机械切削力。所以，在制作工具电极时不必考虑其受力特性，工具电极可以做得十分微细，能进行微细加工和复杂型面加工。

（3）电火花加工是通过脉冲放电来蚀除金属材料的，而脉冲电源的参数随时可调，因此在同一情况下，只需调整电参数即可切换粗、半精、精、超精加工。

3．电火花加工的局限性

（1）电火花加工生产效率低。

（2）被加工的工件只能是导体。

（3）存在电极损耗，这就影响了成型精度。

（4）加工表面有变质层。

（5）加工过程必须在工作液中进行。电火花加工时放电部位必须在工作液中，否则将引起异常放电。

（6）线切割加工有厚度极限。

4．电火花加工的分类与发展概况

根据目前电火花设备使用情况来分，可分为三大类：

1）电火花成型加工

采用成型工具电极进行仿形电火花加工的方法。

2）电火花线切割加工

利用金属线作为电极对工件进行切割的方法。

3）其他类型电火花加工

如电火花磨削加工、电火花回转加工、电火花研磨、珩磨、电火花打孔，以及金属电火花表面强化、刻字等。

 知识链接

电火花加工的发展概况

1．国际电火花加工技术发展的五大趋势

目前电加工技术的发展趋势可归纳为五化：精密微细化、智能化、个性化、绿色环保化和高效化。

1）精密微细化

电火花微细加工主要指尺寸小于 300 μm 的轴孔、沟槽、型腔等的加工。

通过采用蠕动式微进给机构的微细电火花加工装置，可以成功地加工出微细孔和微细轴。不仅可以加工圆孔，还可以加工各种异型孔。

通过微细电火花铣削技术还可以制造更小的微三维结构，进而制造更小的微型机械及微型机器人，从而体现该技术更为广泛的潜在价值和应用前景。

　　2）智能化

　　电火花成形加工智能控制系统应重点研究以下技术：①专家系统的应用；②人工神经网络技术的应用；③模糊控制技术的应用。

　　3）个性化

　　为了适应零件多品种、小批量的特点，电火花加工机床的结构和功能也呈现出个性化的发展趋势。出现了聚晶金刚石超硬材料的电火花加工专用机床、轮胎模具的电火花加工机床、航空蜂窝密封组件电火花加工机床、330 MW 汽轮机高压喷嘴组零件的电火花加工机床等。

　　4）绿色环保化

　　绿色电火花加工的研究内容包括①高效节能脉冲电源的研制；②提高脉冲电源的电磁兼容性；③处理"三废"。

　　5）高效化

　　近年来在提高电火花成型加工效率方面有了新突破。利用非燃性工作液或在工作液中加入添加剂的电火花成型加工机可成倍提高加工速度。

　　以往直线电机主要用在加工中心上。目前，直线电机在一些 EDM 和 WEDM 机床上已广泛应用。直线电机的使用使传动机构简单，能实现高速度、高加速度移动，满足了 EDM 加工高速响应的特别要求。最大驱动力高达 3 000 N ，快进速度可达 100 m/min。能消除由于电蚀产物未排除而发生的集中放电，二次放电间隙不均匀性等得到极大的抑制，从而改善了加工质量，提高了加工效率。

　　随着国际互联网的高速发展和普及，EDM 机床的通信和控制也发生了巨大的变化。FANAC 公司开发了集中管理软件包。公司的总监视器通过国际互联网可很便利地监控多台远程异地 WEDM 机床的工作状况，并能实时诊断分析每一台机床的工作故障，及时向用户提出解决措施，实现了电火花加工过程的高效性。

　　此外，新型电源和机器人技术也已应用到了电火花加工机床中。例如，夏米尔公司生产的某系列电火花线切割机床，不仅使用了先进的"Clean Cut"新型脉冲电源，还配备了小型 HSR-5 机器人，使电火花线切割机床的加工速度和其他性能有了大幅度提高。

　　2．我国电火花加工的发展

　　20 世纪 50 年代初期，我国开始研究和试制电火花镀敷设备，即把硬质合金用电火花工艺镀敷在高速钢金属切削刀具和冷冲模刃口上，提高金属切削刀具和模具的使用寿命。同时，我国还成功研制了电火花穿孔机，并广泛应用于柴油机喷嘴小孔的加工。

　　20 世纪 60 年代初，上海科学院电工研究所成功研制了我国第一台靠模仿形电火花线切割机床。随后又出现了具有我国特色的冷冲模工艺，即直接采用凸模打凹模的方法，使凸凹模配合的均匀性得到了保证，大大简化了工艺过程。

　　20 世纪 60 年代末，上海电表厂张维良工程师在阳极切割的基础上发明了我国独有的高速走丝线切割机床。上海复旦大学研制出电火花线切割数控系统。

　　70 年代，随着电火花工艺装备的不断进步，电火花型腔模具成型加工工艺已经成熟。线切割工艺也从加工小型冷冲模发展到可以加工中型和较大型模具。切割厚度不断增加，加工精度也不断提高。

20 世纪 80 年代以来，计算机技术飞速发展，电火花加工也引进了数控技术和计算机编程技术，数控系统的普及，使人们从繁重、琐碎的编程工作中解放出来，极大地提高了效率。

 思考与练习

1. 电火花加工为什么能不断去除材料，从而达到加工的目的？
2. 你认为电火花加工最大的优点和缺点分别是什么？

任务2　电火花加工机床的种类、名称、性能、结构和一般传动关系

 任务描述

根据工具电极的不同，认识各种各样的电火花加工机床。

 学习目标

能根据加工工艺的需求，正确选择合理的电火花加工机床进行机械加工。并了解各种电火花加工机床的名称、性能、结构和一般传动关系。

 任务分析

任务要求在正确理解电火花加工原理的基础上，根据工具电极的不同，认识不同类型的电火花机床。再根据机械知识认识它们各自的机械传动特点。

 完成任务

基本概念

1. 电火花成型机床型号、规格、分类

我国国标规定，电火花成型机床均用 D71 加上机床工作台面宽度的 1/10 表示。例如，D7132 中，D 表示电加工成型机床（若该机床为数控电加工机床，则在 D 后加 K，即 DK）；71 表示电火花成型机床；32 表示机床工作台的宽度为 320 mm。

在中国大陆外，电火花加工机床的型号没有采用统一标准，由各个生产企业自行确定。例如，瑞士夏米尔（Charmilles）技术公司的 ROBOFORM20/30/35，我国台湾乔懋机电工业股份有限公司的 JM322/430，北京阿奇工业电子有限公司的 SF100 等。

电火花加工机床按其大小可分为小型（D7125 以下）、中型（D7125～D7163）和大型（D7163以上）；按数控程度分为非数控、单轴数控和三轴数控。随着科学技术的进步，国外已经大批生产三坐标数控电火花机床，以及带有工具电极库、能按程序自动更换电极的电火花加工中心，我国的大部分电加工机床厂现在也正开始研制生产三坐标数控电火花加工机床。

（1）电火花成型机床结构。

电火花加工机床主要由机床本体、脉冲电源、自动进给调节系统、工作液过滤和循环系统、数控系统等部分组成，如图 1-2 所示。

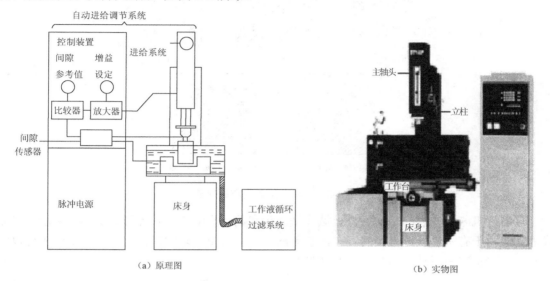

（a）原理图　　　　　　　　　　　　　　　（b）实物图

图 1-2　电火花加工机床的组成

电火花成型机床本体主要由床身、立柱、主轴头及附件、工作台等部分组成，是用于实现工件和工具电极的装夹固定和运动的机械系统。床身、支柱、坐标工作台是电火花机床的骨架，起着支撑、定位和便于操作的作用。因为电火花加工宏观作用力极小，所以对机械系统的强度无严格要求，但为了避免变形和保证精度，要求具有必要的刚度。主轴头下面装夹的电极是自动调节系统的执行机构，其质量的好坏将影响到进给系统的灵敏度及加工过程的稳定性，进而影响工件的加工精度。

机床主轴头和工作台常有一些附件，如可调节工具电极角度的夹头、平动头、油杯等。这里主要介绍平动头。

电火花加工时粗加工的电火花放电间隙比中加工的放电间隙要大，而中加工的电火花放电间隙比精加工的放电间隙又要大一些。当用一个电极进行粗加工时，将工件的大部分余量蚀除掉后，其底面和侧壁四周的表面粗糙度很差，为了将其修光，就得转换规准逐挡进行修整。但由于中、精加工规准的放电间隙比粗加工规准的放电间隙小，若不采取措施则四周侧壁就无法修光了。平动头就是为解决修光侧壁和提高其尺寸精度而设计的。

平动头是一个使装在其上的电极能产生向外机械补偿动作的工艺附件。当用单电极加工型腔时，使用平动头可以补偿上一个加工规准和下一个加工规准之间的放电间隙差。

平动头的动作原理是，利用偏心机构将伺服电机的旋转运动，通过平动轨迹保持机构转化成电极上每一个质点都能围绕其原始位置在水平面内作平面小圆周运动,许多小圆的外包络线面积就形成加工横截面积,如图 1-3 所示。其中每个质点运动轨迹的半径称为平动量,其大小可以由零逐渐调大,以补偿粗、中、精加工的电火花放电间隙 δ 之差,从而达到修光型腔的目的。

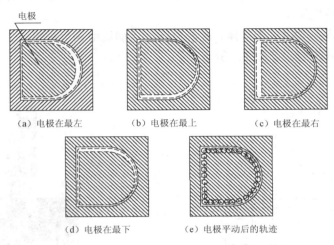

(a) 电极在最左　　　　(b) 电极在最上　　　　(c) 电极在最右

(d) 电极在最下　　　　(e) 电极平动后的轨迹

图 1-3　平动头扩大间隙原理图

目前,机床上安装的平动头有机械式平动头和数控平动头,其外形如图 1-4 所示。机械式平动头由于有平动轨迹半径的存在,它无法加工有清角要求的型腔;而数控平动头可以两轴联动,能加工出清棱、清角的型孔和型腔。

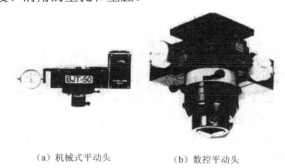

(a) 机械式平动头　　　　　(b) 数控平动头

图 1-4　平动头外形

与一般电火花加工工艺相比较,采用平动头电火花加工有如下特点:

① 可以通过改变轨迹半径来调整电极的作用尺寸,因此,尺寸加工不再受放电间隙的限制。

② 用同一尺寸的工具电极,通过轨迹半径的改变,可以实现转换电规准的修整,即采用一个电极就能由粗至精直接加工出一副型腔。

③ 在加工过程中,工具电极的轴线与工件的轴线相偏移,除了电极处于放电区域的部分外,工具电极与工件的间隙都大于放电间隙,实际上减小了同时放电的面积,这有利于电蚀产物的排除,提高加工稳定性。

④ 工具电极移动方式的改变，可使加工的表面粗糙度大有改善，特别是底平面处。

（2）脉冲电源。

在电火花加工过程中，脉冲电源的作用是把工频正弦交流电流转变成频率较高的单向脉冲电流，向工件和工具电极间的加工间隙提供所需要的放电能量以蚀除金属。脉冲电源的性能直接关系到电火花加工的加工速度、表面质量、加工精度、工具电极损耗等工艺指标。

脉冲电源输入为 380 V、50 Hz 的交流电，其输出应满足以下要求。

① 要有一定的脉冲放电能量，否则不能使工件金属气化。

② 火花放电必须是短时间的脉冲性放电，这样才能使放电产生的热量来不及扩散到其他部分，从而有效地蚀除金属，提高成型性和加工精度。

③ 脉冲波形是单向的，以便充分利用极性效应，提高加工速度和降低工具电极损耗。

④ 脉冲波形的主要参数（峰值电流、脉冲宽度、脉冲间歇等）有较宽的调节范围，以满足粗、中、精加工的要求。

⑤ 有适当的脉冲间隔时间，使放电介质有足够时间消除电离并冲去金属颗粒，以免引起电弧而烧伤工件。

电源的好坏直接关系到电火花加工机床的性能，所以，电源往往是电火花机床制造厂商的核心机密之一。从理论上讲，电源一般有以下几种。

① 弛张式脉冲电源。弛张式脉冲电源是最早使用的电源，它是利用电容器充电储存电能，然后瞬时放出，形成火花放电来蚀除金属的。因为电容器时而充电，时而放电，一弛一张，故又称"弛张式"脉冲电源，如图 1-5 所示。由于这种电源是靠电极和工件间隙中的工作液的击穿作用来恢复绝缘和切断脉冲电流的，因此，间隙大小、电蚀产物的排出情况等都影响脉冲参数，使脉冲参数不稳定，所以，这种电源又称非独立式电源。

弛张式脉冲电源结构简单，使用维修方便，加工精度较高，粗糙度值较小，但生产率低，电能利用率低，加工稳定性差，故目前这种电源的应用已逐渐减少。

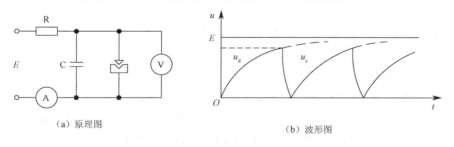

　　（a）原理图　　　　　　　　　　　　　（b）波形图

图 1-5 "弛张式"脉冲电源

② 闸流管脉冲电源。闸流管是一种特殊的电子管，当对其栅极通入一脉冲信号时，便可控制管子的导通或截止，输出脉冲电流。由于这种电源的电参数与加工间隙无关，故又称独立式电源。闸流管脉冲电源的生产率较高，加工稳定，但脉冲宽度较窄，电极损耗较大。

③ 晶体管脉冲电源。晶体管脉冲电源是近年来发展起来的以晶体元件作为开关元件的用途广泛的电火花脉冲电源，其输出功率大，电规准调节范围广，电极损耗小，故适应于型

孔、型腔、磨削等各种不同用途的加工。晶体管脉冲电源已越来越广泛地应用在电火花加工机床上。

（3）自动进给调节系统。

在电火花成型加工设备中，自动进给调节系统占有很重要的位置，它的性能直接影响加工稳定性和加工效果。

电火花成型加工的自动进给调节系统，主要包含伺服进给系统和参数控制系统。伺服进给系统主要用于控制放电间隙的大小，而参数控制系统主要用于控制电火花成型加工中的各种参数（如放电电流、脉冲宽度、脉冲间隔等），以便能够获得最佳的加工工艺指标等。

① 伺服进给系统的作用及要求。在电火花成型加工中，电极与工件必须保持一定的放电间隙。由于工件不断被蚀除，电极也不断地损耗，故放电间隙将不断扩大。如果电极不及时进给补偿，放电过程会因间隙过大而停止。反之，间隙过小又会引起拉弧烧伤或短路，这时电极必须迅速离开工件，待短路消除后再重新调节到适宜的放电间隙。在实际生产中，放电间隙变化范围很小，且与加工规准、加工面积、工件蚀除速度等因素有关，因此很难靠人工进给，也不能像钻削那样采用"机动"、等速进给，而必须采用伺服进给系统。这种不等速的伺服进给系统又称自动进给调节系统。

伺服进给系统一般有以下要求：

a. 有较广的速度调节跟踪范围；

b. 有足够的灵敏度和快速性；

c. 有较高的稳定性和抗干扰能力。

伺服进给系统种类较多，下面简单介绍电液压式伺服进给系统的原理，其他的伺服进给系统可参考其他相关资料。

② 电液压式伺服进给系统。在电液自动进给调节系统中，液压缸、活塞是执行机构。由于传动链短及液体的基本不可压缩性，因此，传动链中无间隙、刚度大、不灵敏区小；又因为加工时进给速度很低，所以正、反向惯性很小，反应迅速，特别适合电火花加工的低速进给，故20世纪80年代前得到了广泛的应用，但它有漏油、油泵噪声大、占地面积较大等缺点。

（4）工作液过滤和循环系统。

电火花加工中的蚀除产物，一部分以气态形式抛出，其余大部分是以球状固体微粒分散地悬浮在工作液中，直径一般为几微米。随着电火花加工的进行，蚀除产物越来越多，充斥在电极和工件之间，或粘连在电极和工件的表面上。蚀除产物的聚集，会与电极或工件形成二次放电。这就破坏了电火花加工的稳定性，降低了加工速度，影响了加工精度和表面粗糙度。为了改善电火花加工的条件，一种办法是使电极振动，以加强排屑作用；另一种办法是对工作液进行强迫循环过滤，以改善间隙状态。

（5）数控系统。

数控电火花机床的类型：

数控系统规定除了直线移动的 X、Y、Z 三个坐标轴系统外，还有三个转动的坐标系统，即绕 X 轴转动的 A 轴，绕 Y 轴转动的 B 轴，绕 Z 轴转动的 C 轴。若机床的 Z 轴可以连续转动但不是数控的，如电火花打孔机，则不能称为 C 轴，只能称为 R 轴。

　　根据机床的数控坐标轴的数目，目前常见的数控机床有三轴数控电火花机床、四轴三联动数控电火花机床、四轴联动或五轴联动甚至六轴联动电火花加工机床。三轴数控电火花加工机床的主轴 Z 和工作台 X、Y 都是数控的。从数控插补功能上讲，又将这类型机床细分为三轴两联动机床和三轴三联动机床。

　　三轴两联动是指 X、Y、Z 三轴中，只有两轴（如 X、Y 轴）能进行插补运算和联动，电极只能在平面内走斜线和圆弧轨迹（电极在 Z 轴方向只能做伺服进给运动，但不是插补运动）。三轴三联动系统的电极可在空间做 X、Y、Z 方向的插补联动（如可以走空间螺旋线）。

　　四轴三联动数控机床增加了 C 轴，即主轴可以数控回转和分度。

　　现在部分数控电火花机床还带有工具电极库，在加工中可以根据事先编制好的程序，自动更换电极。

　　（6）电火花成型机床常见功能。

　　电火花成型机床的常见功能如下。

　　① 回原点操作功能。数控电火花在加工前首先要回到机械坐标的零点，即 X、Y、Z 轴回到其轴的正极限处。这样，机床的控制系统才能复位，后续操作机床运动不会出现紊乱。

　　② 置零功能。将当前点的坐标设置为零。

　　③ 接触感知功能。让电极与工件接触，以便定位。

　　④ 其他常见功能，如图 1-6 所示。

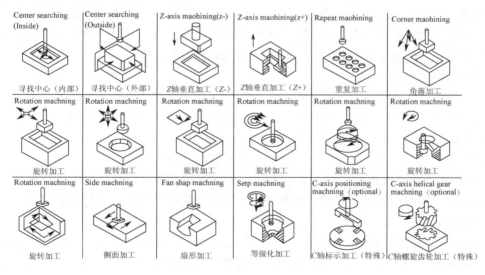

图 1-6　电火花成型机床常见功能

2．电火花线切割加工机床简介

1）分类

　　线切割加工机床可按多种方法进行分类，通常按电极丝的走丝速度分成快速走丝线切割机床（WEDM-HS）与慢速走丝线切割机床（WEDM-LS）。

（1）快速走丝线切割机床。

快速走丝线切割机床的电极丝做高速往复运动，一般走丝速度为 8～10 m/s，是我国独创的电火花线切割加工模式。快速走丝线切割机床上运动的电极丝能够双向往返运行，重复使用，直至断丝为止。线电极材料常用直径为 0.10～0.30 mm 的钼丝（有时也用钨丝或钨钼丝）。对小圆角或窄缝切割，也可采用直径为 0.06 mm 的钼丝。

工作液通常采用乳化液。快速走丝线切割机床结构简单、价格便宜、生产率高，但由于运行速度快，工作时机床震动较大。钼丝和导轮的损耗快，加工精度和表面粗糙度就不如慢速走丝线切割机床，其加工精度一般为 0.01～0.02 mm，表面粗糙度 Ra 为 1.25～2.5 μm。

（2）慢速走丝线切割机床。

慢速走丝线切割机床走丝速度低于 0.2 m/s。常用黄铜丝（有时也采用紫铜、钨、钼和各种合金的涂覆线）作为电极丝，铜丝直径通常为 0.10～0.35 mm。电极丝仅从一个单方向通过加工间隙，不重复使用，避免了因电极丝的损耗而降低加工精度。同时由于走丝速度慢，机床及电极丝的震动小，因此加工过程平稳，加工精度高，可达 0.005 mm，表面粗糙度 $Ra \leqslant 0.32$ μm。

慢速走丝线切割机床的工作液一般采用去离子水、煤油等，生产率较高。

慢走丝机床主要由日本、瑞士等国生产，目前国内有少数企业引进国外先进技术与外企合作生产慢走丝机床。

2）型号

国标规定的数控电火花线切割机床的型号，如 DK7725 的基本含义：D 为机床的类别代号，表示电加工机床；K 为机床的特性代号，表示数控机床；第一个 7 为组代号，表示是电火花加工机床，第二个 7 为系代号（快走丝线切割机床为 7，慢走丝线切割机床为 6，电火花成型机床为 1）；25 为基本参数代号，表示工作台横向行程为 250 mm。

3）快走丝线切割机床简介

由于科学技术的发展，目前在生产中使用的快走丝线切割机床几乎全部采用数字程序控制，这类机床主要由机床本体、脉冲电源、数控系统和工作液循环系统组成。

（1）机床本体。

机床本体主要由床身、工作台、运丝机构和丝架等组成，具体介绍如下。

① 床身。床身是支撑和固定工作台、运丝机构等的基体。因此，要求床身应有一定的刚度和强度，一般采用箱体式结构。床身里面安装有机床电气系统、脉冲电源、工作液循环系统等元器件。

② 工作台。目前在电火花线切割机床上采用的坐标工作台，大多为 X、Y 方向线性运动。

不论是哪种控制方式，电火花线切割机床最终都是通过坐标工作台与丝架的相对运动来完成零件加工的，坐标工作台应具有很高的坐标精度和运动精度，而且要求运动灵敏、轻巧，一般都采用"十"字形滑板、滚珠导轨，传动丝杠和螺母之间必须消除间隙，以保证滑板的运动精度和灵敏度。

③ 运丝机构。在快走丝线切割加工时，电极丝需要不断地往复运动，这个运动是由运丝机构来完成的。最常见的运丝机构是单滚筒式，电极丝绕在储丝筒上，并由丝筒做周期性的正反旋转使电极丝高速往返运动。储丝筒轴向往复运动的换向及行程长短由无触点接近开

关及其撞杆控制（如图 1-7 中的 5、4），调整撞杆的位置即可调节行程的长短。这种形式的运丝机构的优点是结构简单、维护方便，因而应用广泛。其缺点是绕丝长度小，电动机正反转动频繁，电极丝张力不可调。

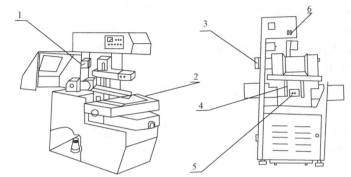

1—上丝机构；2—工作台；3—丝筒电机；4—撞杆；5—接近开关；6—运丝启停开关

图 1-7　快走丝线切割机床结构图

④ 丝架。运丝机构除上面所叙述的内容外，还包括丝架。丝架的主要作用是在电极丝快速移动时，对电极丝起支撑作用，并使电极丝工作部分与工作台平面保持垂直。为获得良好的工艺效果，上、下丝架之间的距离宜尽可能小。

为了实现锥度加工，最常见的方法是在上丝架的上导轮上加两个小步进电动机，使上丝架上的导轮做微量坐标移动（又称为 U、V 轴移动），其运动轨迹由计算机控制。

（2）脉冲电源。

电火花线切割加工的脉冲电源与电火花成型加工作用的脉冲电源在原理上相同，不过受加工表面粗糙度和电极丝允许承载电流的限制，线切割加工脉冲电源的脉宽较窄（2～60 μs），单个脉冲能量、平均电流（1～5 A）一般较小，所以电火花线切割总是采用正极性加工。

（3）数控系统。

数控系统在电火花线切割加工中起着重要作用，具体体现在两方面。

① 轨迹控制作用。它精确地控制电极丝相对于工件的运动轨迹，使零件获得所需的形状和尺寸。

② 加工控制。它能根据放电间隙大小与放电状态控制进给速度，使之与工件材料的蚀除速度相平衡，保持正常的稳定切割加工。

目前绝大部分机床采用数字程序控制，并且普遍采用绘图式编程技术，操作者首先在计算机屏幕上画出要加工的零件图形，线切割专用软件（如 YH 软件、北航海尔的 CAXA 线切割软件）会自动将图形转化为 ISO 代码或 3B 代码等线切割程序。

（4）工作液循环系统。

工作液循环与过滤装置是电火花线切割机床不可缺少的一部分，其主要包括工作液箱、工作液泵、流量控制阀、进液管、回液管和过滤网罩等。工作液的作用是及时地从加工区域中排除电蚀产物，并连续充分供给清洁的工作液，以保证脉冲放电过程稳定而顺利地进行。目前，绝大部分快走丝机床的工作液是专用乳化液。乳化液种类繁多，大家可根据相关资料来正确选用。

4）慢走丝线切割机床简介

同快走丝线切割机床一样，慢走丝线切割机床也是由机床本体、脉冲电源、数控系统等部分组成的。但慢走丝线切割机床的性能大大优于快走丝线切割机床，其结构具有以下特点。

（1）主体结构。

① 机头结构。机床和锥度切割装置（U，V 轴部分）实现了一体化，并采用了桁架铸造结构，从而大幅度地强化了刚度。

② 主要部件。精密陶瓷材料大量用于工作臂、工作台固定板、工件固定架、导丝装置等主要部件，实现了高刚度和不易变形的结构。

③ 工作液循环系统。慢走丝线切割机床大多数采用去离子水作为工作液，所以有的机床（如北京阿奇）带有去离子系统（图1-8）。在较精密加工时，慢走丝线切割机床采用绝缘性能较好的煤油作为工作液。

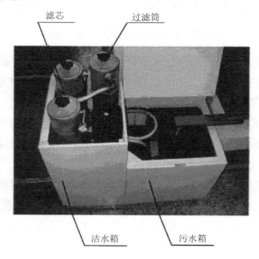

图 1-8　去离子系统

（2）走丝系统。

慢走丝线切割机床的电极丝在加工中是单方向运动（即电极丝是一次性使用）的。在走丝过程中，电极丝由储丝筒出丝，由电极丝输送轮收丝。慢走丝系统一般由以下几部分组成：储丝筒、导丝机构、导向器、张紧轮、压紧轮、圆柱滚轮、断丝检测器、电极丝输送轮、其他辅助件（如毛毡、毛刷）等。

图 1-9 为日本沙迪克公司某型号线切割机床的电极丝的送丝部分结构图。其中，某些部件的作用如下。

① 圆柱滚轮：可使线电极从线轴平行地输出，且使张力维持稳定。

② 导向孔模块：可使电极丝在张紧轮上正确地进行导向。

③ 张紧轮：在电极丝上施加必要的张力。

④ 压紧轮：防止电极丝张力变动的辅助轮。

⑤ 毛毡：去除附着在电极丝上的渣滓。

⑥ 断丝检测器：检查电极丝送进是否正常，若不正常送进，则发出报警信号，提醒发生电极丝断丝等故障。

⑦ 毛刷：防止电极丝断丝时从轮子上脱出。

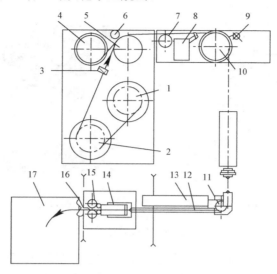

1—储丝筒；2—圆柱滚轮；3—导向孔模块；4、10、11—滚轮；5—张紧轮；6—压紧轮；7—毛毡；8—断丝检测器；9—毛刷
12—导丝管；13—下臂；14—接丝装置；15—电极丝输送轮；16—废丝孔模块；17—废丝箱

图 1-9　电极丝送丝装置

图 1-10 所示为某型号慢走丝线切割机床的送丝图。

5）线切割机床常见的功能

下面简单介绍线切割机床较常见的功能。

（1）模拟加工功能。模拟显示加工时电极丝的运动轨迹及其坐标。

（2）短路回退功能。加工过程中若进给速度太快而电腐蚀速度慢，在加工时出现短路现象，控制器会改变加工条件并沿原来的轨迹快速后退，消除短路，防止断丝。

（3）回原点功能。遇到断丝或其他一些情况，需要回到起割点，可用此操作。

（4）单段加工功能。加工完当前段程序后自动暂停，并有相关提示信息，例如：

单段停止!按 OFF 键停止加工，按 RST 键继续加工。

此功能主要用于检查程序每一段的执行情况。

（5）暂停功能。暂时中止当前的功能（如加工、单段加工、模拟、回退等）。

（6）MDI 功能。手动数据输入方式输入程序功能，即可通过操作面板上的键盘，把数控指令逐条输入存储器中。

（7）进给控制功能。能根据加工间隙的平均电压或放电状态的变化，通过取样、变频电路，不断定期地向计算机发出中断申请，自动调整伺服进给速度，保持平均放电间隙，使加工稳定，提高切割速度和加工精度。

（8）间隙补偿功能。线切割加工数控系统所控制的是电极丝中心移动的轨迹。因此，加工零件时有补偿量，其大小为单边放电间隙与电极丝半径之和。

（9）自动找中心功能。电极丝能够自动找正后停在孔中心处。

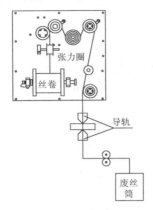 

（a）电极丝送丝示意图　　　　　　（b）电极丝送丝图

图 1-10　电极丝送丝图

（10）信息显示功能。可动态显示程序号、计数长度、电规准参数、切割轨迹图形等参数。

（11）断丝保护功能。在断丝时，控制机器停在断丝坐标位置上，等待处理，同时高频停止输出脉冲，丝筒停止运转。

（12）停电记忆功能。可保存全部内存加工程序，当前没有加工完的程序可保持 24 h 以内，随时可停机。

（13）断电保护功能。在加工时如果突然发生断电，系统会自动将当时的加工状态记下来。在下次来电加工时，系统自动进入自动方式，并提示："从断电处开始加工吗？按 OFF 键退出，按 RST 键继续"。这时，如果想继续从断电处开始加工，则按下 RST 键，系统将从断电处开始加工，否则按 OFF 键退出加工。

使用该功能的前提是不要轻易移动工件和电极丝，否则来电继续加工时，会发生很长时间的回退，影响加工效果甚至导致工件报废。

（14）分时控制功能。可以一边进行切割加工，一边编写另外的程序。

（15）平移功能。主要用在切割完当前图形后，在另一个位置加工同样图形等场合。这种功能可以省掉重新画图的时间。

（16）跳步功能。将多个加工轨迹连接成一个跳步轨迹，可以简化加工的操作过程。图中，实线为零件形状，虚线为电极丝路径。

（17）任意角度旋转功能。可以大大简化某些轴对称零件的程编工艺，如齿轮只需先画一个齿形，然后让它旋转几次，就可圆满完成。

（18）代码转换功能。能将 ISO 代码转换为 3B 代码等。

（19）上、下异性功能。可加工出上、下表面形状不一致的零件，如上面为圆形，下面为方形等。

思考与练习

1. 电火花成型加工与电火花线切割加工的异同点是什么？
2. 简述几种电火花成型机床有哪些常用的功能？
3. 简述几种线切割机床有哪些常用的功能？

任务3　电火花加工的主要名词术语

 任务描述

根据前面学习过的知识，熟记电火花加工的主要名词术语，为后续的学习打下良好的基础。

 学习目标

能正确理解、记忆一些常用的电火花加工名词术语。提高自己的专业水平。

 任务分析

任务要求在正确理解电火花加工原理的基础上，记忆、掌握常见名词术语的含义。

 完成任务

电火花加工常用名词、术语及符号

1. 极性效应

在电火花加工时，相同材料（如用钢电极加工钢）两电极的被腐蚀量是不同的。其中一个电极比另一个电极的蚀除量大，这种现象称为极性效应。如果两电极材料不同，则极性效应更加明显。在生产中，将工件接脉冲电源正极（工具电极接脉冲电源负极）的加工称为正极性加工，如图 1-11 所示；反之，称为负极性加工，如图 1-12 所示。

产生极性效应的原因很复杂，一般认为脉冲宽度 t 是影响极性效应的一个主要原因，在实际加工时，极性效应还受到电极及工件材料、加工介质、电源种类等因素的综合影响。在电火花加工中，要充分利用极性效应，正确选择极性，使工件的蚀除量大于电极的蚀除量，最大限度地降低电极损耗。极性的选择主要靠经验或实验确定：当采用窄脉冲精加工时，宜选用正极性加工；当采用长脉冲粗加工时，宜采用负极性加工。

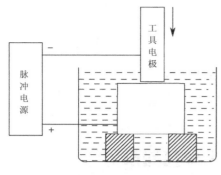

图 1-11　正极性接线法

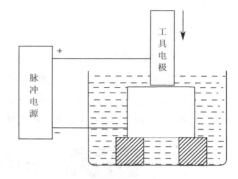

图 1-12　负极性接线法

2. 覆盖效应

在油类介质中放电加工会分解出负极性的游离碳微粒，在合适的脉宽、脉间条件下将在放电的正极上覆盖碳微粒，称为覆盖效应。利用覆盖效应可以降低电极损耗。注意：负极性加工才有利于做覆盖效应。

在油类介质中加工时，覆盖层主要是石墨化的碳素层，其次是黏附在电极表面的金属微粒黏结层。碳素层的生成条件主要有以下几点。

（1）要有足够高的温度。

（2）要有足够多的电蚀产物，尤其是介质的热解产物——碳粒子。

（3）要有足够的时间，以便在这一表面上形成一定厚度的碳素层。

（4）一般采用负极性加工，因为碳素层易在阳极表面生成。

（5）必须在油类介质中加工。

3. 面积效应

面积效应指电火花加工时，随加工面积大小变化而加工速度、电极损耗比和加工稳定性等指标随之变化的现象。一般加工面积过大或过小时，工艺指标通常降低，这是由"电流密度"过小或过大引起的。

4. 深度效应

随着加工深度增加而加工速度和稳定性降低的现象称为深度效应。主要是电蚀产物积聚、排屑不良所引起的。

5. 放电间隙

放电间隙是放电时工具电极和工件间的距离，它的大小一般为 0.01~0.5 mm，粗加工时间隙较大，精加工时则间隙较小。

6. 脉冲宽度 t_i（μs）

脉冲宽度简称脉宽，它是加到工具和工件上放电间隙两端的电压脉冲的持续时间。为了防止电弧烧伤，电火花加工只能用断断续续的脉冲电压波。粗加工可用较大的脉宽 $t_i > 100$μs，精加工时只能用较少的脉宽 $t_i < 50$μs。

7．脉冲间隔 t_o（μs）

脉冲间隔简称脉间或间隔，又称为脉冲停歇时间。它是两个电压脉冲之间的间隔时间。间隔时间过短，放电间隙来不及消电离和恢复绝缘，容易产生电弧放电，烧伤工具和工件；脉间选得过长，将降低加工生产率。加工面积、加工深度较大时，脉间也应稍大。

8．开路电压或峰值电压

开路电压是间隙开路时电极间的最高电压，等于电源的直流电压。峰值电压高时，放电间隙大，生产率高，但成型复制精度稍差。

9．加工电压或间隙平均电压 U（V）

加工电压或间隙平均电压是指加工时电压表上指示的放电间隙两端的平均电压，它是多个开路电压、火花放电维持电压、短路和脉冲间隔等零电压的平均值。在正常加工时，加工电压在 30～50V，它与占空比、预置进给量等有关。占空比大、欠进给、欠跟踪、间隙偏开路，则加工电压偏大；占空比小、过跟踪或预置进给量小（间隙偏短路），加工电压即偏小。

10．加工电流 I（A）

加工电流是加工时电流表上指示的流过放电间隙的平均电流。精加工时小，粗加工时大；间隙偏开路时小，间隙合理或偏短路时则大。

11．击穿延时 t_d（μs）

从间隙两端加上脉冲电压后，一般均要经过一段延续时间，工作液介质才能被击穿放电，这一段时间，称为击穿延时。击穿延时与平均放电间隙的大小有关，工具欠进给时，平均放电间隙变大，平均击穿延时就大；反之，工具过进给时，放电间隙变小，击穿延时也就小。

12．占空比

占空比是脉冲宽度 t_i 与脉冲间隔 t_o 之比。粗加工时占空比一般较大，精加工时占空比应较小，否则放电间隙来不及消电离恢复绝缘，容易引起电弧放电。

13．影响表面粗糙度的因素有电参数和非电参数

电参数包括以下几个方面。

（1）峰值电流：当峰值电流一定时，脉冲宽度越大，单个脉冲的能量就大，放电腐蚀的凹坑也越大越深，所以表面粗糙度就越差。

（2）脉冲宽度：在脉冲宽度一定的条件下，随着峰值电流的增加，单个脉冲能量也增加，表面粗糙度就变差。

（3）脉冲间隔：在一定的脉冲能量下，不同的工件电极材料表面粗糙度值大小不同，熔点高的材料表面粗糙度值要比熔点低的材料小。

非电参数包括以下几个方面。

（1）电极材料及表面质量：电火花加工是反复制加工，故工具电极表面的粗糙度值大小影响工件的加工表面粗糙度值。例如与紫铜相比，石墨电极很难加工出非常光滑的表面，因此，它加工出的工件表面粗糙度值较差。

（2）工作液：干净的工作液有利于得到理想的表面粗糙度。因为工作液中含蚀除产物等杂质越多，越容易发生积炭等不利状况，从而影响表面粗糙度。

（3）加工面积：加工电极面积越大则最终加工表面越差。

14．影响加工速度的主要因素

电火花成形加工的加工速度，是指在一定电规准下，单位时间 t 内工件被蚀除的体积 V 或质量 M。一般常用体积加工速度 V/t 来表示，有时为了测量方便，也用质量加工速度 M/t 来表示。

在规定的表面粗糙度、规定的相对电极损耗下的最大加工速度是电火花机床的重要工艺性能指标。一般电火花机床说明书上所指的最高加工速度是该机床在最佳状态下所达到的，在实际生产中的正常加工速度大大低于机床的最大加工速度。

影响加工速度的因素分电参数和非电参数两大类。电参数主要是峰值电流、脉冲宽度、脉冲间隔；非电参数包括加工面积、深度、工作液种类、冲油方式、排屑条件及电极对的材料、形状等。在一般情况下，加工速度的大小与峰值电流及脉冲宽度的大小成正比，与脉冲间隔的大小成反比。图 1-13 所示为电加工参数与加工速度的关系曲线。

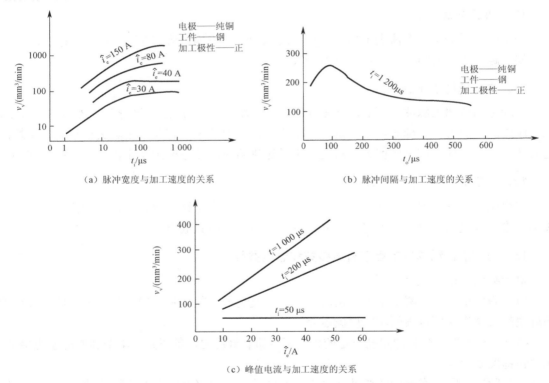

（a）脉冲宽度与加工速度的关系　　　　（b）脉冲间隔与加工速度的关系

（c）峰值电流与加工速度的关系

图 1-13　电加工参数与加工速度的关系曲线

非电参数对加工速度的影响如下。

（1）加工面积。

加工面积较大时，它对加工速度没有多大影响。但若加工面积小到某一临界面积时，加工速度会显著降低，这种现象称为"面积效应"。同时，峰值电流不同，最小临界加工面积也不同。

（2）抬刀。

抬刀的作用是排屑和保证加工的稳定。合理地抬刀选择有利于加工效率的提高，过快的抬刀会降低加工效率。

（3）冲抽油。

一般情况下它会提高加工效率，大面积、深型腔、深孔加工时，为提高加工效率要采用冲抽油加工。

（4）工作液。

在电火花加工中，工作液的种类、黏度、清洁度对加工速度有影响。过去国内电火花加工机床的工作液普遍采用煤油，目前，越来越多的机床采用性能较好的电加工专用液。

（5）电极材料。

在电参数选定的条件下，采用不同的电极材料与加工极性，加工速度也大不相同。粗加工时常常用石墨作电极材料，精加工时常用紫铜作电极材料。

（6）工件材料。

工件材料的熔点、沸点、比热容、熔化潜热、汽化潜热大则加工速度慢。硬质合金的加工速度小于钢的一半，同类材料的加工速度也很慢。

（7）加工的稳定性。

加工过程中的拉弧、回退等不稳定现象会大大地降低加工速度。因此机床的刚性、灵敏性、电极的优劣、参数的选择都会影响加工速度。

15．影响加工精度的因素

影响电火花加工精度的因素很多，但从电火花加工工艺的角度出发，影响电火花加工精度的主要因素是电火花加工的电参数、放电间隙、二次放电等。

（1）电参数：电火花加工中电极的形状被复制到工件上，电极的损耗对复制的精度有重要的影响。所以采用电极损耗小的电参数可以提高加工的精度。

（2）放电间隙：在电火花加工中，工具电极与工件间存在着放电间隙，因此，工件的尺寸、形状与工具并不一致。如果加工过程中放电间隙是常数，根据工件加工表面的尺寸、形状可预先对工具尺寸、形状进行修正。但放电间隙随电参数、电极材料、工作液的绝缘性能等因素变化而变化，从而影响了加工精度。

（3）二次放电：电火花加工中的电蚀产物引起的二次放电、工件角落处因集中放电而变圆弧等因素严重影响电火花的加工精度。为了改善因二次放电产生的斜度，加工液最好不采用喷入式，而采用吸入式。

 思考与练习

1．什么是极性效应？在电火花线切割加工中是怎样应用的？

2．什么是放电间隙？它对线切割加工的工件尺寸有何影响？

模块二　电火花线切割的编程

如何学习

本模块内容为一些常见的电火花线切割机床的编程方法，同学们主要以掌握、理解为标准。

为什么要学习电火花线切割的编程

线切割机床的控制系统是按照人的"命令"去控制机床加工的，因此，必须事先把切割的图形，用机器所能接受的"语言"编排成指令。这项工作称为数控线切割编程，简称编程。编写程序的格式有 ISO、3B、4B、EIA 等。本章介绍我国使用最多的 ISO 格式和 3B 格式，以及采用 YH 软件和 CAXA 线切割软件的自动编程。

任务1　3B格式程序

任务描述

掌握电火花线切割机床的一些常见编程方法和一些加工工艺常识，为后续的加工操作提前做好准备。

学习目标

学完本节内容及相关的实现内容后，要求能完成一些简单零件的手工编程和较复杂零件的计算机自动编程工作。

任务分析

任务要求在运用已经学过的机床原理和结构的前提下，认真学习机床的实际操作的基本常识和要领。

完成任务

目前，我国数控线切割机床常用 3B 程序格式编程，其格式如表 2-1 所示。

表 2-1　无间隙补偿的程序格式（3B 型）

B	X	B	Y	B	J	G	Z
分隔符号	X坐标值	分隔符号	Y坐标值	分隔符号	计数长度	计数方向	加工指令

1．分隔符号 B

因为 X、Y、J 均为数字，用分隔符号（B）将其隔开，以免混淆。

2．坐标值（X、Y）

一般规定只输入坐标的绝对值，其单位为 μm，μm 以下应四舍五入。对于圆弧，坐标原点移至圆心，X、Y 为圆弧起点的坐标值。对于直线（斜线），坐标原点移至直线起点，X、Y 为终点坐标值。允许将 X 和 Y 的值按相同的比例放大或缩小。

对于平行于 X 轴或 Y 轴的直线，即当 X 或 Y 为零时，X 或 Y 值均可不写，但分隔符号必须保留。

3．计数方向 G

选取 X 方向进给总长度进行计数，称为计 X，用 G_X 表示；选取 Y 方向进给总长度进行计数，称为计 Y，用 G_Y 表示。

（1）加工直线，可按图 2-1 选取：

当 $|Y_e|>|X_e|$时，取 G_Y；

当 $|X_e|>|Y_e|$时，取 G_X；

当 $|X_e|=|Y_e|$时，取 G_X 或 G_Y 均可。

（2）对于圆弧，当圆弧终点坐标在图 2-2 所示的各个区域时，若

当 $|X_e|>|Y_e|$时，取 G_Y；

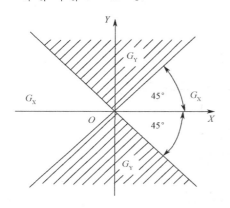　　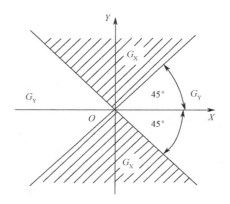

图 2-1　斜线的计数方向　　　　　　　　图 2-2　圆弧的计数方向

当$|Y_e|>|X_e|$时，取G_X；

当$|X_e|=|Y_e|$时，取G_X或G_Y均可。

4. 计数长度 J

计数长度是指被加工图形在计数方向上的投影长度（即绝对值）的总和，以 μm 为单位。

例1 加工如图 2-3 所示的斜线 OA，其终点为 $A（X_e，Y_e）$，且 $Y_e>X_e$，试确定 G 和 J。

因为$|Y_e|>|X_e|$，OA 斜线与 X 轴夹角大于 $45°$ 时，计数方向取 G_Y，斜线 OA 在 Y 轴上的投影长度为 Y_e，故 $J=Y_e$。

例2 加工如图 2-4 所示的圆弧，加工起点 A 在第四象限，终点 $B（X_e，Y_e）$在第一象限，试确定 G 和 J。

因为加工终点靠近 Y 轴，$|Y_e|>|X_e|$，计数方向取 G_X；计数长度为各象限中的圆弧段在 X 轴上投影长度的总和，即 $J=J_{x1}+J_{x2}$。

例3 加工如图 2-5 所示的圆弧，加工终点 $B（X_e，Y_e）$，试确定 G 和 J。

因加工终点 B 靠近 X 轴，$|X_e|>|Y_e|$，故计数方向取 G_Y，J 为各象限的圆弧段在 Y 轴上投影长度的总和，即 $J=J_{Y1}+J_{Y2}+J_{Y3}$。

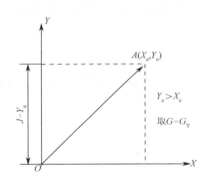

图 2-3 例 1 斜线的 G 和 J

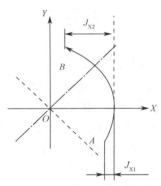

图 2-4 例 2 圆弧的 G 和 J

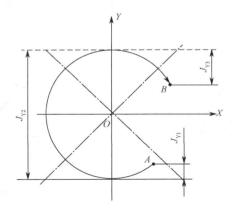

图 2-5 例 3 圆弧的 G 和 J

5. 加工指令 Z

加工指令 Z 是用来表达被加工图形的形状、所在象限和加工方向等信息的。控制系统根据这些指令，正确选择偏差公式，进行偏差计算，控制工作台的进给方向，从而实现机床的自动化加工。加工指令共 12 种，如图 2-6 所示。

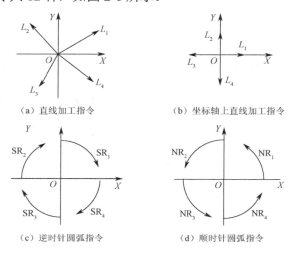

（a）直线加工指令 （b）坐标轴上直线加工指令

（c）逆时针圆弧指令 （d）顺时针圆弧指令

图 2-6 加工指令

位于四个象限中的直线段称为斜线。加工斜线的加工指令分别用 L_1、L_2、L_3、L_4 表示，如图 2-6（a）所示。与坐标轴相重合的直线，根据进给方向，其加工指令可按图 2-6（b）选取。

加工圆弧时，若被加工圆弧的加工起点分别在坐标系的四个象限中，并按顺时针插补，如图 2-6（c）所示，加工指令分别用 SR_1、SR_2、SR_3、SR_4 表示；按逆时针方向插补时，分别用 NR_1、NR_2、NR_3、NR_4 表示，如图 2-6（d）所示。如加工起点刚好在坐标轴上，其指令可选相邻两象限中的任何一个。

6. 应用举例

例 4 加工如图 2-7 所示的斜线 OA，终点 A 的坐标为 $X_e=17$ mm，$Y_e=5$ mm，写出加工程序。

其程序为：

```
B17000 B5000 B017000Gx L1
```

例 5 加工如图 2-8 所示的直线，其长度为 21.5 mm，写出其程序。

相应的程序为：

```
BBB021500Gy L2
```

例 6 加工如图 2-9 所示的圆弧，加工起点的坐标为 A（-5，0），试编制程序。

其程序为：

```
B5000 BB010000Gy SR2
```

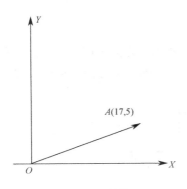

图 2-7　加工斜线

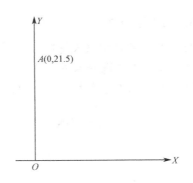

图 2-8　加工与 Y 轴正方向重合的直线

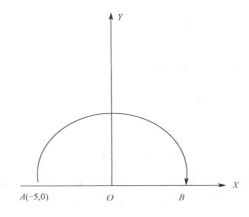

图 2-9　加工半圆弧

例 7　加工如图 2-10 所示的 1/4 圆弧，加工起点为 A（0.707，0.707），终点为 B（−0.707，0.707），试编制程序。

相应的程序为：

```
B707 B707 B001414Gx NR1
```

由于终点恰好在 45°线上，故也可取 G_Y，则：

```
B707 B707 B000586Gy NR1
```

例 8　加工如图 2-11 所示的圆弧，加工起点为 A（−2，9），终点为 B（9，−2），编制加工程序。

圆弧半径：R=9220 μm

计数长度：J_{YAC}=9000 μm

J_{YCD}=9220 μm

J_{YDB}=R−2000μm=7200 μm

则 J_Y 总=J_{YAC}+J_{YCD}+J_{YDB}=（9000+9220+7200）μm =25440 μm

其程序为：

```
B2000 B9000 B025440Gy NR2
```

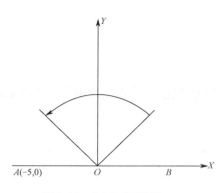

图 2-10　加工 1/4 圆弧

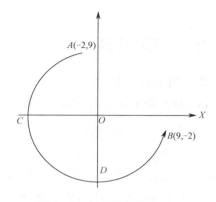

图 2-11　加工圆弧段

 思考与练习

按 3B 格式编出电极丝中心轨迹为如下图所示的程序。

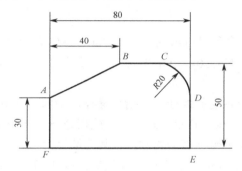

任务2　ISO格式程序编程

 任务描述

掌握电火花机床的一般使用方法和一些机床维护常识，为后续的加工操作提前做好准备。

 学习目标

学完本节内容及相关的实现内容后，要求能快速完成机床加工准备、机床调整，以及机床的简单维护工作。

 任务分析

任务要求在结合已经学过的机床原理和结构的前提下，认真学习机床的实际操作的基本常识和要领。

 完成任务

常用的 ISO 代码简介

ISO 格式是国际上通用的线切割程序格式,我国生产的线切割系统也正逐步采用 ISO 格式。

1. ISO 代码程序格式

一个完整的零件加工程序由多个程序段组成。一个程序段由若干个代码字组成。每个代码字由一个地址(用字母表示)和一组数字组成,有些数字还带有符号。例如,G02 总称为字,其中 G 为地址,02 为数字组合。

每个程序都必须指定一个程序号,并编在整个程序的开始。程序号的地址为英文字母(通常设为 O、P、%等),紧接着为 4 位数字,可编的范围为 0001~9999。例如,O0018、P1532、%0965。

程序段由程序段号及各种字组成。其格式如下:

```
N0020 G03 X-20.0 Y20.0 I-30.0 J-10.0
```

N 为程序段号地址,程序段号可编的范围为 0001~9999。程序段号通常以每次递增 1 以上的方式编号,如 N0010,N0020,N0030,…,每次递增 10,其目的是留有插入新程序的余地。

G 为指令动作方式的准备功能地址,可指令插补、平面、坐标系等,其后续数字一般为两位数(00~99)。例如,G00、G02\G91(G 功能指令下面会详细介绍)。

尺寸坐标字主要用于指定坐标移动的数据,其地址符为 X、Y、Z、U、V、W、I、J、K、A 等。例如,X、Y、Z 指定到达点的直线尺寸坐标;I、J、K 指定圆弧中心坐标的数据;A 指定加工锥度的数据。

线切割 ISO 代码中还有其他一些常用代码,其形式和功能如下:

(1)M 为辅助功能地址,其后续数字一般为两位数(00~99),如 M02。

(2)地址 T 用于指定操作面板上的相应动作的控制,如 T80 表示送丝、T81 表示停止送丝。

(3)地址 D、H 用于指定补偿量,如 D0001 或者 H001 表示取 1 号补偿值。

(4)地址 L 用于指定子程序的循环执行次数,如 L3 表示循环 3 次。

2. G 功能指令(准备功能指令)

G 功能是设立机床工作方式或控制系统工作方式的一种命令。对于不同的数控系统,G 代码、M 代码和 T 代码的功能并不完全相同。表 2-2 为日本 SODICK 公司生产的 A350 数控电火花线切割机床常用 G 代码。

表 2-2　A350 数控电火花线切割机床常用 G 代码

代　码	功　能	代　码	功　能
G00	快速移动至指定位置	G42	电极丝向右补偿
G01	直线插补	G50	取消锥度倾斜

代　码	功　能	代　码	功　能
G02	顺时针圆弧插补	G51	电极丝向左锥度倾斜
G03	逆时针圆弧插补	G52	电极丝向右锥度倾斜
G04	暂停指令	G54	选择工作坐标系1
G05	X 向镜像	G55	选择工作坐标系2
G06	Y 向镜像	G56	选择工作坐标系3
G07	Z 向镜像	G57	选择工作坐标系4
G08	X/Y 轴转换	G58	选择工作坐标系5
G09	取消镜像及 X/Y 轴转换	G59	选择工作坐标系6
G17	选择 XOY 平面	G80	移动到接触感知处
G18	选择 XOZ 平面	G81	移动到机床的极限
G19	选择 YOZ 平面	G82	移动到圆点与现坐标的一半处
G20	设定英制	G84	电极丝自动垂直校正
G21	设定公制	G90	绝对坐标指令
G40	取消电极丝补偿	G91	增量坐标指令
G41	电极丝向左补偿	G92	设定坐标原点

1）G00（快速定位指令）

快速定位指令 G00 使电极丝按机床最快速度移动到指定位置。

格式：G00 X　Y

2）G90，G91，G92（坐标指令）

G90：绝对坐标指令，采用本指令后，后续程序段的坐标值都应按绝对方式编程，即所有点的表示数值都是在编程坐标系中的点坐标值，直到执行 G91 为止。

格式：G90 X　Y

G91：相对坐标指令，采用本指令后，后续程序段的坐标值都应按增量方式编程，即所有点的表示数值均以前一个坐标位置作为起点来计算运动终点的位置矢量，直到执行 G90 为止。

格式：G91 X　Y

G92：设定坐标原点指令，指定电极丝起点坐标值。

格式：G92 X　Y

3）G01（直线插补指令）

直线插补指令 G01 使电极丝从当前位置以进给速度移动到指定位置。

格式：G01 X　Y

例 9　如图 2-12 所示，电极丝从 A 点以进给速度移动到 B 点，试分别用绝对方式和相对方式编程。

已知起点坐标为 A（20，-30），终点坐标为 B（80，45）。

按绝对方式编程：

```
N0010 G54 G90 G92 X20 Y-30;
```

```
N0020 G01 X80 Y45;
```

按相对方式编程:

```
N0010 G54 G91 G92 X20 Y-30;
N0020  G01 X60  Y751;
```

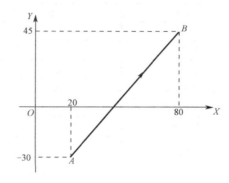

图 2-12　直线插补示意图

4) G02, G03 (圆弧插补指令)

圆弧插补指令 G02 和 G03 用于切割圆或圆弧, G02 为顺时针圆弧插补, G03 为逆时针圆弧插补。

格式: G02 X　Y　I　J

或 G02 X—Y—R—

G03 X—Y—I—J—

或 G03 X　Y　R

其中, X、Y 的坐标值为圆弧终点的坐标值。用绝对方式编程时, 其值为圆弧终点的绝对坐标; 用增量方式编程时, 其值为圆弧终点相对于起点的坐标。I、J 为圆心坐标。用绝对方式或增量方式编程时, I 和 J 的值分别是在 X 方向和 Y 方向上, 圆心相对于圆弧起点的距离。I、J 为 0 时可以省略。

在圆弧编程中, 也可以直接给出圆弧的半径 R, 而无须计算 I 和 J 的值。但在圆弧圆心角大于 180°时, R 的值应加负号 (-)。R 方式只能用于非整圆编程, 对于整圆, 必须用 J 方式编程。

例 10　如图 2-13 所示, 电极丝从 A 点沿着圆弧切割到 B 点, 试分别用绝对方式和相对方式编程。

已知起点坐标为 A (48.3, 10), 终点坐标为 B (20, 50), 圆心坐标为 (20, 20)。

按绝对方式编程:

```
N0010 G54 G90 G92 X48.3 Y10;
N0020 G03 X20 Y50 I-28.3 J10;
```

按相对方式编程:

```
N0010 G54 G91 G92 X48.3 Y10;
```

```
N0020 G03 X—28.3 Y40 I—28.3 J1O;
```

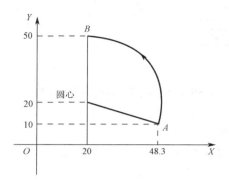

图 2-13　圆弧插补示意图

5）G40，G41，G42（电极丝补偿指令）

为了消除电极丝半径和放电间隙对加工精度的影响，电极丝中心相对于加工轨迹须偏移一给定值。如图 2-14 所示，G41（左补偿）和 G42（右补偿）分别是指沿着电极丝运动的方向前进，电极丝中心沿加工轨迹左侧或右侧偏移一个给定值，G40（取消补偿）为补偿撤销指令。

格式：G41 D　或 G41 H

G42 D　或 G42 H

G40

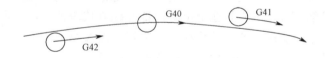

图 2-14　电极丝补偿示意图

6）G50，G51，G52（锥度加工指令）

G50 为消除锥度，G51 为锥度左偏，G52 为锥度右偏。当顺时针加工时，G51 加工出来的工件上大下小，G52 加工出来的工件上小下大；当逆时针加工时，G51 加工出来的工件上小下大，G52 加工出来的工件上大下小。

格式：G51 A

G52 A……—

G50

7）G05，G06，G07，G08，G09（镜像及转换指令）

这些指令对于加工一些对称性好的工件，可以利用原来的程序以节省时间。

G05 为 X 向镜像，函数关系为 X=-X，如图 2-15（a）所示。

G06 为 Y 向镜像，函数关系为 Y=-Y，如图 2-15（b）所示。

G08 为 X/Y 轴转换，函数关系为 X=-Y，如图 2-15（c）所示。

G09 为取消镜像及 X/Y 轴转换。

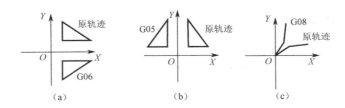

图 2-15　镜像及转换指令示意图

3．M 功能指令（辅助功能指令）

M 功能指令用于控制机床中辅助装置的开关动作或状态。表 2-3 为日本 SODICK 公司生产的 A350 数控电火花线切割机床常用 M 代码。

表 2-3　A350 数控电火花线切割机床常用 M 代码

代　码	功　能	代　码	功　能
M00	程序暂停执行	M84	恢复脉冲放电
M01	程序有选择地暂停	M85	切断脉冲放电
M02	程序结束停止	M98	子程序调用
M05	忽视接触感知	M99	子程序结束，返回

M00 用于暂停程序的运行，等待机床操作者的干预，如检验、调整、测量等。待干预完毕后，按机床上的启动按钮，即可继续执行暂停指令后的加工程序。

M02 用于结束整个程序的运行，停止所有的 G 功能及与程序有关的一些运行开关。

M05 用于忽视接触感知。电极丝在定位时，要用 G80 代码使电极丝慢速接触工件，一旦接触到工件，机床就停止动作。若要再移动，一定要先输入 M05 代码，取消接触感知状态。

M98 用于调用子程序。在一个程序中，同样的程序段组会多次重复出现。若把这些程序段固定为一个程序，则可减少编程的烦琐，缩短程序长度，减少错误。这样固定的一个程序称为子程序，调用子程序的程序称为主程序。

M98 的格式为 M98 P（子程序的开始程序段号）L（循环次数）

M99 用于子程序结束。执行此代码，子程序结束，程序返回到主程序中去，继续执行主程序。

4．T 功能指令

T 代码与机床操作面板上的手动开关相对应。在程序中使用这些代码，可以不必人工操作面板上的手动开关。表 2—4 为日本 SODICK 公司生产的 A350 数控电火花线切割机床常用 T 代码。

表 2-4　A350 数控电火花线切割机床常用 T 代码

代　码	功　能	代　码	功　能
T80	电极丝送进	T86	加工介质喷淋
T81	电极丝停止送进	T87	加工介质停止喷淋
T82	加工介质排液	T90	切断电极丝
T83	保持加工介质	T91	电极丝穿丝
T84	液压泵打开	T96	向加工槽送液
T85	液压泵关闭	T97	停止向加工槽送液

5．ISO 代码编程

下面通过一些典型的实例来介绍 ISO 代码的编程。

例 11　试编制切割如图 2-16 所示图形的 ISO 代码程序。

解　由于图 2-16 所示图形是相对于坐标轴对称的、多次重复加工的图形，为简化程序，节省时间，编程时可采用镜像指令和子程序调用，具体编制如下：

```
N0001  G90 G92 X0 Y0:
N0002 G09;
N0003  M98 P1000;
N0004 G05;
N0005  M98 P1000;
N0006 G06;
N0007  M98 P1000;
N0008  G09;
N0009 G06;
N0010  M98 P1000;
N0011 M02;
N10001
N1001  G01 X10.0  Y20.0;
N1002 X30.0;
N1003 G03 X30.0 Y50.0 J15.0;
N1004  G01 X10.0;
N1005 G01 Y20.01
N1006  M99;
```

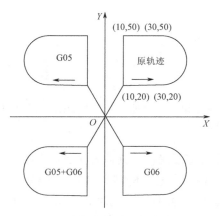

图 2-16　镜像加工示意图

例 12　如图 2-17（a）所示的矩形工件，其上有一直径为 30 mm 的圆孔，现由于某种需要欲将该孔扩大到 35 mm。已知 *AB*、*BC* 边为设计、加工基准，电极丝直径为 0.18 mm，试写出相应操作过程及加工程序。

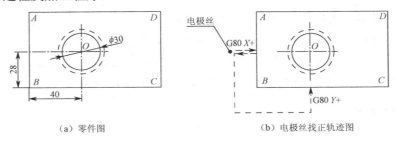

（a）零件图　　　　　　　　　　（b）电极丝找正轨迹图

图 2-17　零件加工示意图

解上面任务主要分两部分完成，首先将电极丝定位于圆孔的中心，然后写出加工程序。电极丝定位于圆孔中心的有以下两种方法。

第一种方法：如图 2-17（b）所示，首先电极丝碰 *AB* 边，*X* 值清零，再碰 *BC* 边，*Y* 值清零，然后解开电极丝到坐标值（40.09，28.09）。具体过程如下：

（1）清理孔内部毛刺，将待加工零件装夹在线切割机床工作台上，利用千分表找正，尽可能使零件的设计基准 *AB*、*AC* 基面分别与机床工作台的进给方向 *X*、*Y* 轴保持平行。

（2）利用手控盒或操作面板，将电极丝移到 *AB* 边的左边，保证电极丝与圆孔中心的 *Y* 坐标相近（尽量消除工件 *ABCD* 装夹不良带来的影响，理想情况下工件的 *AB* 边应与工作台的 *Y* 轴完全平行，而实际很难做到）。

（3）用 MDI 方式执行指令。

```
G80 X+:
G92 X01
M05 G00 X-2i
```

（4）利用手控盒或操作面板等方法，将电极丝移到 *BC* 边的下边，保证电极丝与圆孔中心的 X 坐标相近。

（5）用 MDI 方式执行指令。

```
G80 Y+:
G92 Y0. ;
T90; /仅适用慢走丝，目的是自动剪丝；对于快走丝机床，则需手动解开电极丝
G00 X40.09 Y28.09;
```

（6）为保证定位准确，往往需要确认。具体方法是：在找到的圆孔中心位置用 MDI 或其他方法执行指令 G55 G92 X0 Y0；再按上述步骤（1）～（5），重新找圆孔中心位置，并观察该位置在 G55 坐标系下的坐标值。若 G55 坐标系的坐标值与（0，0）相近或相同，则说明找正较准确，否则需要重新找正，直到最后两次中心孔在 G55 坐标系的坐标相近或相同时为止。

第二种方法：

将电极丝在孔内穿好，然后按下操作面板上的自动对中心按钮，即可自动找到圆孔的中

心，具体过程如下。

（1）清理孔内部毛刺，将待加工的零件装夹在线切割机床工作台上。

（2）将电极丝穿入圆孔中。

（3）按下自动对中心按钮找中心，记下该位置坐标值。

（4）再次按下自动对中心按钮找中心，对比当前的坐标和上一步骤得到的坐标值；若数字重合或相差很小，则认为找中心成功。

（5）若机床在找到中心后，自动将坐标值清零，则需要同第一种方法一样进行如下操作：在第一次自动找到圆孔中心时用 MDI 或其他的方法执行指令 G55 G92 X0 Y0；然后再用自动对中心按钮重新找中心，再观察重新找到的圆孔中心位置在 G55 坐标系下的坐标值。若 G55 坐标系的坐标值与（0，0）相近或相同，则说明找正较准确，否则需要重新找正，直到最后两次找正的位置在 G55 坐标系的坐标值相近或相同时为止。

两种方法比较：

利用自动对中心功能键操作简便，速度快，适用于圆度较好的孔或有对称形状的孔状零件加工，但若孔的圆度误差较大，则不宜采用。而利用设计基准找中心不但可以精确找到对称形状的圆孔、方孔等的中心，还可以精确定位于各种复杂孔形零件内的任意位置。所以，虽然该方法较复杂，但在用线切割修补塑料模具中仍得到了广泛的应用。

综上所述，线切割定位有两种方法，这两种方法各有优劣，但其中关键一点是要采用有效的手段进行确认。一般来说，线切割的找正要重复几次，至少保证最后两次找正位置的坐标值相同或相近。通过灵活采用上述方法，能够实现电极丝定位精度在 0.005 mm 以内，从而有效地保证线切割加工的定位精度。

完成了电极丝在孔内的定位后，即可进行直径 35 mm 孔的圆弧插补切割，由于程序较简单，这里省略。

例 13　根据图 2-18 所示的锥度加工平面图和立体效果图及其加工的 ISO 程序，理解并总结锥度加工代码 G50、G51、G52 的用法。代码如下：

```
G92 X-5000 Y0;
G52 A2.5 G90 G01 X0:
G01  Y4700;
G02 X300  Y5000  I300;
G01 X9700;
G02 X10000 Y4700 J-300;
G01  Y-4700I
G02 X9700 Y-5000  I-300;
G01 X300:
G02 X0 Y-4700 J300;
G01  Y0;
G50 G01 X-5000:
M02I
```

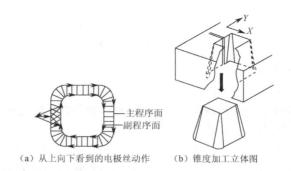

（a）从上向下看到的电极丝动作　　（b）锥度加工立体图

图 2-18　锥度加工实例

上述锥度加工的实例，在锥度加工中的要点如下。

（1）G50，G51，G52 分别为取消锥度倾斜、电极丝左倾斜（面向水平面方向）、电极丝右倾斜。

（2）A 为电极丝倾斜的角度，单位为度。

（3）取消锥度倾斜（G50）、电极丝左倾斜（G51）、电极丝右倾斜（G52）只能在直线上进行，不能在圆弧上进行。

（4）为了实现锥度加工，必须在加工前设置相关参数，不同的机床需要设置的参数不同，如在沙迪克某机床需要设置 4 个参数（图 2-19）：

① 工作台—上模具距离（即从工作台上面到上模具的距离）；

② 工作台—主程序面距离（即从工作台上面到主程序面的距离，主程序面上的加工物的尺寸与程序中编制的尺寸一致，为优先保证尺寸）；

③ 工作台—副程序面距离（即从工作台上面到另一个有尺寸要求的面的距离，副程序面是另一个希望有尺寸要求的面，此面的尺寸要求低于主程序面）；

④ 工作台—下模具间距离（即从下模具到工作台上面的距离）。

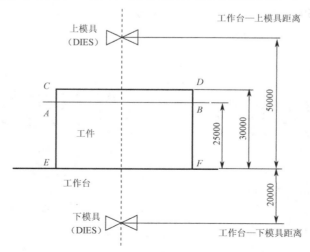

图 2-19　锥度加工参数

在图 2-19 中，若以 A—B 为主程序面，C—D 为副程序面，则相关参数值如下：

工作台—上模具距离=50.000 mm；

工作台—主程序面距离=25.000 mm；

工作台—副程序面距离=30.000 mm；

工作台—下模具间距离=20.000 mm。

在图 2-19 中，若以 *A—B* 为主程序面，*E—F* 为副程序面，则相关参数值如下。

工作台—上模具距离=50.000 mm；

工作台—主程序面距离=25.000 mm；

工作台—副程序面距离=30.000 mm；

工作台—下模具间距离=20.000 mm。

例 14　认真阅读下面 ISO 程序（北京阿奇 FW 系列快走丝机床的程序），并回答下列问题。程序代码如下：

```
H000=+00000000 H001=+00000100:
H005=+000000001
T84 T86 G54 G90 G92 X+0 Y+0;/（T84 为打开喷液指令1;T86 为送电极丝）
C007
G01  X+4000 Y+01
G04 X0.0+H0051
G41 H0001
C001
G41 H0001
G01  X+5000  Y+01
G04 X0.0+H0051
G41 H0011
G03 X—5000 Y-t-0 I-5000 J+0;
G04 X0.0+H0051
G03 X+5000 Y+0 I+5000 J+0;
(; 04 X0.0+H0051
G40 H000 G01  X+4000  Y+0 1
M00/①
C0071
G01 X+0 Y+0;
G04 XO.0+H0051
T85 T87;/（T85 为关闭喷液指令;T87 为停止送电极丝）
M00/②
M05 G00 X+20000 1
M05 G00 Y+01
M00/③
```

```
H000=+00000000 H001=+000001001
H005=+00000000t
T84 TB6 G54 G90 G92 X+20000 Y+0;
C007;
G01 X+16000 Y+01
G04 X0.0+H005:
G41 H000;
C001;
G41 H000:
G01 X+15000 Y+01
G04 X0.0+H005;
G41 H001:
G02 X—15000 Y+0 I—15000 J+0:
G04 X0.0+H005:
G02 X+15000 Y+0 I- F15000 J+0;
G04 X0.0+H005;
G40 H000 G01 X+16000 Y+0:
M001
C007;
G01 X+20000 Y+0:
G04 X0.0+H005:
T85 T87 M02:
```

（1）画出加工出的零件图，并标明相应尺寸；

（2）在零件图上画出穿丝孔的位置，并注明加工中补偿量；

（3）上面程序中 C001 和 M00/①、②、③的含义是什么？

解　（1）零件图形如图 2-20 所示，这是用线切割跳步加工同心圆的实例。

（2）由 H001=+00000100 可知，补偿量为 0.1 mm。

（3）C001 代码用来调用加工参数。C001 设定了加工中的各种参数（如 ON、OFF、IP 等），存放在线切割机床数控系统的数据库里。加工参数的设置调用方法因机床的不同而不同，具体步骤参考每种机床相应的操作说明书。

M00①的含义为暂停，直径为 10 mm 的孔里的废料可能掉下，提示拿走。

M00②的含义为暂停，直径为 10 mm 的孔已经加工完，提示解开电极丝，准备将机床移到另一个穿丝孔。

M00③的含义为暂停，准备在当前的穿丝孔位置穿丝。

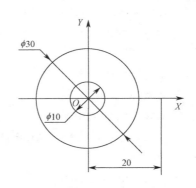

图 2-20　跳步加工零件

 思考与练习

按 ISO 格式编出电极丝中心轨迹为如下图所示的程序。

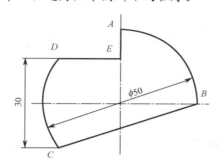

任务3　CAXA线切割软件编程简介

 学习目标

结合前面学过的 3B 格式程序、ISO 格式程序编程方法和一些简单的工艺基础，掌握操作 CAXA 线切割软件编程的方法。

完成任务

1. CAXA 线切割 V2 版界面简介

当启动 CAXA 线切割后，就可以进入如图 2-21 所示的系统主界面。

这个主界面对熟悉 CAXA 电子图板 V2 软件的读者来说，可能并不感觉陌生。它包括绘图功能区、菜单系统及状态栏 3 个部分。

1）绘图功能区

绘图功能区是用户进行绘图设计的主要工作区域。它占据了屏幕的大部分面积，中央区有一个直角坐标系，该坐标系称为世界坐标系，在绘图区用鼠标或键盘输入的点，均以该坐标系为基准，两坐标轴的交点即为原点（0，0）。

2）菜单系统

CAXA 线切割的菜单系统包括下拉菜单、图标工具栏、立即菜单、工具菜单 4 个部分。

（1）下拉菜单。

下拉菜单位于屏幕的顶部，由一行主菜单及其下拉子菜单组成，主菜单由文件、编辑、显示、幅面、绘制、查询、设置、工具、线切割、帮助 10 个部分组成。

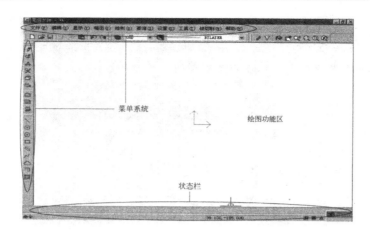

图 2-21　CAXA 线切割 V2 版的主界面

（2）图标工具栏。

图标工具栏比较形象地表达了各个图标的功能。用户可根据自己的习惯和要求进行自定义，选择最常用的工具图标，放在适当的位置，以适应个人习惯。图标工具栏包括 4个部分：标准工具栏（图 2-22）、常用工具栏（图 2-23）、属性工具栏（图 2-24）和绘图工具栏（图 2-25）。

图 2-22　标准工具栏

图 2-23　常用工具栏

图 2-24　属性工具栏

图 2-25　绘制工具栏

（3）实时菜单。

实时菜单是当功能命令项被执行时，在绘图区的左下角弹出的菜单，它描述了该命令执行的各种情况和使用条件。根据当前的作图要求，选择正确的各项参数，即可得到准确的响应。图 2-26 所示的是在绘制直线时的实时菜单选项。

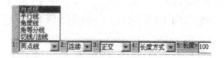

图 2-26　绘制直线时的实时菜单选项

（4）工具菜单。

工具菜单包括工具点菜单（图 2-27）和拾取元素菜单（图 2-28）。

图 2-27　工具点菜单 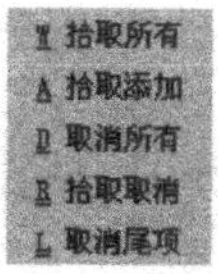　　　　　图 2-28　拾取元素菜单

3）状态栏

屏幕的底部为状态栏，如图 2-29 所示。它包括当前坐标值、操作信息提示、工具菜单状态提示、点捕捉状态提示和命令与数据输入 5 项。

图 2-29　状态栏

2．线切割轨迹生成

线切割轨迹就是在电火花线切割加工过程中，金属电极丝切割的实际路径。

CAXA 线切割的轨迹生成功能是在已有 CAD 轮廓的基础上，结合各项工艺参数，由计算机自动将加工轨迹计算出来。也就是说，在生成轨迹之前，必须先用软件的 CAD 功能生成 CAD 轮廓。这里不再进行介绍。

轮廓就是一系列首尾相接曲线段的集合。在进行编程时，常常需要用户指定图形的轮廓，用来界定被加工的区域或被加工的图形本身。如果轮廓是用来界定被加工区域的，则指定的轮廓应是闭轮廓；如果加工的是轮廓本身，则轮廓可以是闭轮廓，也可以是开轮廓。无论在哪种情况下，生成轨迹的轮廓线不应有自交点。轮廓示意图如图 2-30 所示

（a）开轮廓　　　（b）闭轮廓　　（c）有自交点的轮廓

图 2-30　轮廓示意图

1）轨迹生成

执行该命令将生成沿轮廓线切割的加工轨迹，具体操作步骤如下。

（1）单击【轨迹操作】按钮，在弹出的子工具栏中（图 2-31）单击【轨迹生成】按钮，或选择下拉菜单【线切割】→【轨迹生成】选项，系统弹出如图 2-32 所示的【线切割轨迹生成参数表】对话框中的【切割参数】选项卡。其中各参数的含义如下。

轨迹生成

轨迹跳步

取消跳步

轨迹仿真

查询切割面积

图 2-31 【轨迹操作】工具栏

图 2-32 【切割参数】选项卡

① 【切入方式】：描述了穿丝点到加工起始段的起始点间电极丝的运动方式。各种切入方式如图 2-33 所示。

图 2-33 切入方式示意图

【直线】切入方式：电极丝直接从穿丝点切入到加工起始点。

【垂直】切入方式：电极丝从穿丝点垂直切入到加工起始段，以穿丝点在起始段上的垂直点作为加工起始点。

【指定切入点】切入方式：此方式要求在轨迹上选择一个点作为加工的起始点。电极丝直接从穿丝点沿直线切入到所选择的起始点。

② 【加工参数】由【轮廓精度】、【切割次数】、【支撑宽度】、【锥度角度】四项内容组成。

【轮廓精度】：轮廓精度是加工轨迹和理想加工轮廓的最大偏差。对由样条曲线组成的轮廓，计算机将按给定的精度把样条离散成多条线段，如图 2-34 所示。精度值越大，折线段的步长就越长，折线段数就越少。

【切割次数】：生成加工轨迹的行数。低速走丝机床由于加工精度高，往往需要多次切割。

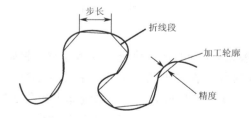

图 2-34 轮廓精度与步长示意图

【支撑宽度】：当选择多次切割次数时，该选项的数值指定为每行轨迹始末点间保留的一段没有切割部分的宽度。

【锥度角度】：用来设置在进行锥度加工时电极丝倾斜的角度。当采用左锥度加工时，输入锥度角度应为正值；当采用右锥度加工时，输入锥度角度应为负值。

注意：本系统不支持带锥度的多次切割。

③ 【补偿实现方式】：用来设置电极丝半径、放电间隙及加工预留量的补偿方式。

【轨迹生成时自动实现补偿】：它是让计算机实现偏移量的补偿（也就是在程序中体现补偿）。

【后置时机床实现补偿】：它是由机床控制器来实现偏移量的补偿。

④ 【拐角过渡方式】：在线切割加工中，当加工凹形零件时，相邻两直线或圆弧呈大于180°夹角，或在加工凸形零件时，相邻两直线或圆弧呈小于180°夹角，均需确定在其间进行圆弧过渡或尖角过渡，如图 2-35 所示。

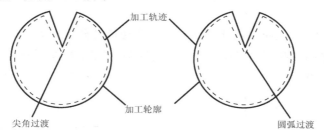

图 2-35　拐角过渡方式示意图

⑤ 【样条拟合方式】：当要加工样条曲线边界时，系统根据轮廓精度将样条曲线拆分为多段进行拟合。

【直线】拟合：将样条曲线拆分成多条直线段进行拟合。

【圆弧】拟合：将样条曲线拆分成多条直线段和圆弧段进行拟合。

两种方式相比较，圆弧拟合方式具有精度高、代码数量少的优点。

此外，还应在如图 2-36 所示的【偏移量/补偿值】选项卡中输入各次切割的偏移量。

（2）在选择好轨迹生成参数后，单击对话框中的【确定】按钮，系统提示拾取轮廓，这时，可按【Space】键弹出如图 2-37 所示的拾取工具菜单。

图 2-36　【偏移量/补偿值】选项卡

图 2-37　拾取工具菜单

【单个拾取】：逐个拾取各条轮廓曲线。适用于曲线数量不多，同时不适合使用【链拾取】

方式拾取的图形。

【链拾取】：系统根据指定起始曲线和链搜索方向自动寻找所有首尾相接的曲线。适用于批量处理曲线数目较多，且无两根以上曲线搭接在一起的情况。

【限制链拾取】：系统根据起始曲线及搜索方向自动寻找首尾相接的曲线至指定的限制曲线。适用于避开有两根或两根以上曲线搭接在一起的情形，从而正确拾取所需曲线。

（3）当拾取完起始轮廓线段后，起始轮廓线段变为红色的虚线，同时在起始轮廓线段的切线方向出现两个反向的箭头，如图 2-38 所示，此时系统提示【选择链搜索方向】。

根据切割路径选择一个箭头方向作为加工方向。选择方向后，如果采用的是【单个拾取】方式，则系统提示继续拾取轮廓线；如果采用的是【链拾取】方式，则系统自动拾取首尾相接的轮廓线；如果采用的是【限制链拾取】方式，则系统自动拾取该曲线与限制曲线之间连接的曲线。

（4）选择轮廓线后，系统提示【选择加工的侧边或补偿方向】，即电极丝偏移的方向，同时在起始轮廓线段的法线方向出现一对反向的箭头，如图 2-39 所示。

图 2-38　选择链搜索方向　　　　　　　图 2-39　选择加工的侧边或补偿方向

（5）选择好补偿方向后，系统提示指定穿丝点位置。

（6）输入穿丝点后，系统提示【输入退出点（回车则与穿丝点重合）】。

（7）确定退出点后，系统自动计算出加工轨迹，如图 2-40 所示，右击或按【Esc】键结束命令。

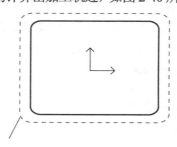

图 2-40　生成加工轨迹

2）轨迹跳步与取消跳步

当同一零件有多个加工轨迹时，为了确保各轨迹间的相对位置固定，可以通过跳步线将各个加工轨迹连接成一个跳步轨迹，其操作步骤如下。

（1）按前述方法分别生成各加工轨迹。

（2）单击工具栏中的【轨迹跳步】按钮，系统提示【拾取加工轨迹】。

（3）拾取并确定后，所选的各加工轨迹按选择的顺序被连接成一个跳步加工轨迹。

图 2-41 显示了跳步前轨迹与跳步后的轨迹的区别。

（a）跳步前的轨迹　　　　　　　　　　　　（b）跳步后的轨迹

图 2-41　轨迹跳步示意图

若想将生成的跳步轨迹分解成几个独立的加工轨迹，可单击【取消跳步】按钮，系统提示【拾取跳步加工轨迹】，拾取并确定后，所选的跳步轨迹被分解成几个独立的加工轨迹。

3）轨迹仿真与面积查询

对于生成的轨迹，系统可以进行动态或静态的仿真，以线框形式表达电极丝沿轨迹的运动，模拟实际加工过程中切割工件的情况。

轨迹仿真的操作如下：

单击轨迹仿真按钮，在图 2-42 所示的实时菜单中，选择好仿真方式和仿真运动速度参数（步长），拾取要仿真的轨迹，系统便开始进行模拟仿真。

如果选择【静态】方式，系统将用数字标出各加工轨迹线段的先后顺序；如果选择【连续】方式，系统将完整地模拟从起始切割到加工结束之间的动态全过程。

通常，线切割加工的工时费是按切割面积计算的。CAXA 线切割系统可根据加工轨迹和切割工件的厚度自动计算加工轨迹的长度和实际切割的面积。

具体操作是，单击查询【切割面积】按钮，依照系统提示，拾取需查询的加工轨迹并输入工件厚度即可。

3．线切割代码生成

代码生成就是结合特定机床把系统生成的加工轨迹转化成机床代码。生成的机床代码可以直接输入机床控制器用于加工。

1）生成 3B 代码

具体操作步骤如下：

（1）单击【代码生成】按钮，在弹出的子工具栏中（见图 2-43），单击【生成 3B 代码】按钮，或单击下拉菜单【线切割】→【生成 3B 代码】，系统弹出如图 2-44 所示的【生成 3B 加工代码】对话框，要求用户填写代码程序文件名。

图 2-42　轨迹仿真实时菜单　　　　　图 2-43　【代码生成】工具栏

图 2-44　【生成 3B 加工代码】对话框

（2）输入文件名，单击【保存】按钮，系统弹出生成 3B 代码的实时菜单（图 2-45），并提示【拾取加工轨迹】。

图 2-45　生成 3B 代码的实时菜单

在实时菜单中设定所生成数控程序的格式、机床的停机码和暂停码，以及生成程序后是否打开记事本窗口来显示代码。

（3）当拾取加工轨迹后，该轨迹变成红色的虚线。系统允许一次性拾取多个加工轨迹。当拾取多个加工轨迹同时进行代码生成处理时，各轨迹间能根据拾取先后的顺序自动实现跳步。

（4）选择好轨迹后，右击结束拾取，系统自动生成数控程序。

另外，本系统还能生成 4B/R3B 格式的数控程序，方法与上述类似。

2）生成 G 代码

具体操作步骤如下：

（1）单击【生成 G 代码】按钮，系统弹出【生成机床 G 代码】对话框（图 2-46），要求用户填写代码程序文件名。同时，系统在状态栏显示生成数控程序所适用的机床类型及信息。

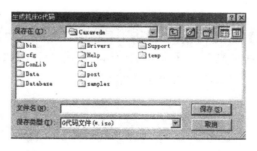

图 2-46　【生成机床 G 代码】对话框

（2）输入文件名后，单击【保存】按钮，系统提示【拾取加工轨迹】。

（3）单击需生成数控代码的加工轨迹，如一次性拾取多个轨迹，则系统自动将各轨迹按照拾取先后的顺序实现轨迹跳步功能。

（4）拾取加工轨迹后右击，系统弹出记事本窗口，显示生成的数控代码，如图 2-47 所示。

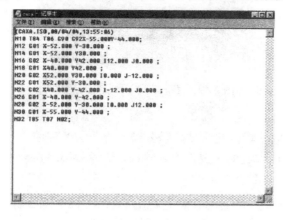

图 2-47 "记事本"窗口

3）校核代码

该功能就是把生成的 B 代码文件或 G 代码文件反读进来，恢复线切割加工轨迹，以检查该代码程序的正确性。

校核 B 代码的具体操作如下：

（1）单击【校核 B 代码】按钮，系统弹出一个要求用户选择数控程序的路径和文件名的对话框，如图 2-48 所示。

（2）在此对话框中的【文件类型】栏中可切换 "3B" 或 "4B/R3B" 格式。

（3）选择需要校核的 B 代码程序，单击【打开】按钮，系统将 B 代码反读进来，生成相应的轨迹图形。

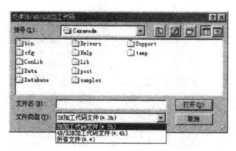

图 2-48 【反读 3B/4B/R3B 加工代码】对话框

校核 G 代码的具体操作如下：

（1）单击【校核 G 代码】按钮，系统弹出一个要求用户选择数控程序的路径和文件名的对话框（与图 2-48 类似，只是文件类型改为后缀*. ISO 的 G 代码文件）。

（2）选择文件后，单击【打开】按钮，若反读代码中只包含直线程序，则系统直接生成反读轨迹；若反读代码中包含圆弧程序，则弹出如图 2-49 所示的【圆弧控制设置】对话框，该对话框中各选项的含义，可参考 "后置设置" 的内容。

（3）选择对话框中各参数后，单击【确定】按钮，系统则根据程序生成轨迹图形。

图 2-49　【圆弧控制设置】对话框

注意：

（1）该功能不能读取坐标格式为整数且分辨率为非 1 的程序。

（2）该功能只能对 G 代码的正确性进行校核，无法保证其精度要求，所以，应避免将反读轨迹再重新输出。

4）查看/打印代码

该功能容许用户对当前代码文件或存在代码文件进行查看、修改、打印操作。

具体操作如下：

（1）单击【查看/打印代码】按钮。如果当前代码文件已存在，则弹出立即菜单，该实时菜单有两个选项：【选择文件】和【当前代码文件】，如图 2-50 所示。

在实时菜单中选择【当前代码文件】项，右击，则查看当前代码文件；在实时菜单中选择【选择文件】项，则查看其他位置的代码文件，此时系统弹出【查看加工代码】对话框，如图 2-51 所示。

图 2-50　文件选择实时菜单　　　　　图 2-51　【查看加工代码】对话框

如果当前代码文件不存在，则直接弹出【查看加工代码】对话框。该对话框要求用户选择查看文件的路径和名称。单击对话框中的【文件类型】下三角按钮，在弹出的下拉列表中可选择【3B 加工代码文件】、【4B 加工代码文件】、【G 代码文件】、【HPGL 代码文件】、【文本文件】及其他类型的文件。

（2）选定文件后，单击【打开】按钮，系统弹出一个显示所选代码文件内容的记事本窗口。

（3）在记事本编辑区中可对程序进行查阅、修改等操作，如需打印，则在"记事本"窗口中单击【文件】下拉菜单中的【打印】菜单即可。

4．代码传输

代码传输就是将数控代码通过通信电缆直接从计算机传输到数控机床上。CAXA 线切割提供了 4 种代码传输方式：应答传输、同步传输、串口传输和纸带穿孔。

应答传输是将生成的 3B 或 4B 加工代码以模拟电报头的方式传输给线切割机床。

同步传输是用模拟光电头的方式，将生成的 3B 和 4B 加工代码快速同步传输给线切割机床。

串口传输是利用计算机的串口将生成的代码快速传输给线切割机床。

纸带穿孔是将生成的 3B 代码传输给纸带穿孔机，穿孔机根据代码对纸带进行打孔处理。

其中，串口传输应用较多，具体操作如下：

（1）单击【串口传输】按钮，系统弹出【串口传输】对话框（图 2-52），要求输入串口传输的参数。这些参数包含【波特率】、【奇偶校检】、【数据位】、【停止位数】、【端口】、【反馈字符】、【握手方式】、【结束代码】、【请输入结束符（十进制形式）】、【换行符的确定】等。这些参数必须严格按控制器的串口参数来设置，确保计算机和控制器参数设置相同。

图 2-52　【串口传输】对话框

（2）输入参数后，单击【确认】按钮，即弹出【选择传输文件】对话框，如图 2-53 所示。传输文件的格式可以是 ISO 文件、3B 代码文件、4B 代码文件、文本文件及其他类型的文件。

图 2-53　【选择传输文件】对话框

（3）选定文件及路径后，单击【确定】按钮，系统提示"点击鼠标键或按【Enter】键开始传输（Esc 退出）"。

（4）确保控制器已处于正常接收状态，按【Enter】键开始传输。

（5）传输完毕后，系统提示"传输结束"，表示代码已成功传输。

5．后置设置

后置设置是针对不同机床的数控系统来设置不同的机床参数和特定的数控代码。CAXA 线切割后置设置提供了通用化的数控系统配置方法，并生成配置文件，后置处理就是根据配置文件的参数生成相应的数控代码，使生成的代码无须进行修改便可被机床控制器直接解读。

1）机床设置

该功能是根据不同控制系统的参数，设定特定的 G 代码，并生成相应的配置文件。其具体操作如下：

单击【机床设置】按钮，系统弹出【机床类型设置】对话框，如图 2-54 所示。

该对话框上半部分为机床参数设置，允许用户对机床的控制参数进行设置。

该对话框下半部分为程序格式设置，允许用户对 G 代码各程序段格式进行设置，包括【程序起始符】、【程序结束符】、【说明】、【程序头】、【跳步开始】、【跳步结束】、【程序尾】。其设置格式为字符串或宏指令@字符串或宏指令。CAXA 线切割系统提供的宏指令如表 2-5 所示。

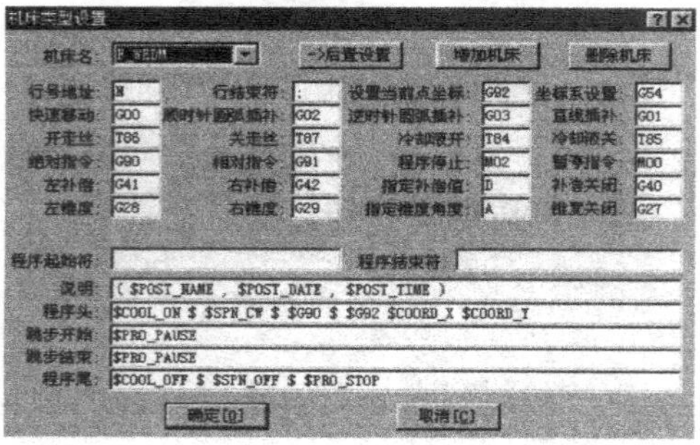

图 2-54　【机床类型设置】对话框

表 2-5　宏指令

名　称	代码	名　称	代码
当前后置文件名	$POST-NAME	设置当前点坐标	$G92
当前日期	$POST_DATE	左补偿	$DCMP LFT
当前时间	$POST TIME	右补偿	$DCMP RCG
当前 X 坐标值	$COORD_X	补偿取消	$DCMP_OFF
当前 Y 坐标值	$COORD_Y	坐标设置	$WCOORD
当前程序号	$POST_CODE	开走丝	$SPN ON
行号指令	$LINE NO ADD	关走丝	$SPN OFF
行结束符	$BLOCK END	冷却液开	$COOL_ON
速度指令	$FEED	冷却液关	$COOL OFF
快速移动	$G0	程序停止	$PRO STOP
直线插补	$G1	程序暂停	$PRO PAUSE
顺圆插补	$G2	左锥度	$ZD LEFT
逆圆插补	$G3	右锥度	$ZD RIGHT
打开锥度	$G28	关闭程序	$
关闭锥度	$G27	换行标志符	@
绝对指令	$G90	输出空格	$ZD CLOSE
相对指令	$G91	输出字符本身	字符串本身

例如，$G2 的输出结果为 G02，$COOL_OFF 的输出结果为 T85，$PRO_PAUSE 的输出结果为 M00，以此类推。

【说明】：它是对程序的名称、调用零件、编制时间、日期等有关信息的说明，其作用是为了便于程序的管理。

例如，在程序说明部分输入 "（N0010_9000，$POST_NAME，$POST_DATE$POST_TIME）"，则在生成的程序中，说明部分将输出如下说明：

```
N0010-9000，样板.ISO，2011/29/8，14:30:15。
```

它表示程序号从 N0010 到 N9000，程序名为样板.ISO，生成文件的日期为 2011 年 8 月 29 日，生成该文件的时间是 14 时 30 分 15 秒。

【程序头】：每一种数控机床，其程序开头部分都是相对固定的。程序头一般包括机床零点、工件零点设置、开走丝、开冷却液等机床信息。

例如，在【程序头】文本框中输入 "$COOL_ON@$SPN_CW@$G90@$G92$$COORD_X$COORD_Y"，则生成的程序中，程序开头部分是

```
T84:    ·
T86;
G90:
G92X(当前 X 坐标值)Y(当前 Y 坐标值);
```

【跳步开始】：用来设置执行跳步程序前机床的动作，通常设为程序暂停，即 $PRO—PAUSE。

【跳步结束】：用来设置执行跳步程序后机床的动作，通常设为程序暂停，即 $PRO—PAUSE。

【程序尾】：类似于【程序头】，数控机床程序的结束部分也是相对固定的，程序尾通常包括机床回零、关闭冷却液、关闭走丝机构、程序结束等。

例如，在【程序尾】文本框中输入 "$SPN_OFF@$COOL_OFF@$PRO_STOP"，则在生成的程序中，结束部分程序为：

```
T87;
T85:
M02:
```

2）后置处理设置

该功能就是针对特定的机床，结合已经设置好的机床参数，对输出数控程序的格式进行设置。

单击【后置设置】按钮，系统弹出【后置处理设置】对话框，如图 2-55 所示。

该对话框的参数包括【行号设置】、【编程方式设置】、【坐标输出格式设置】、【圆弧控制没置】及后置文件设置等。

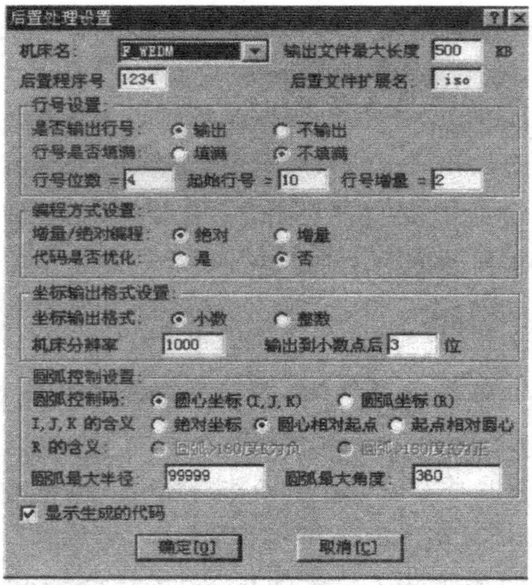

图 2-55 【后置处理设置】对话框

（1）【行号设置】：包括【是否输出行号】、【行号是否填满】、【行号位数】、【起始行号】及【行号增量】。

【是否输出行号】：选中行号输出，则在数控程序中的每一个程序段前输出行号。

【行号是否填满】：指行号数不足规定的行号位数时，前面是否用"0"填充。

【行号位数】：指行号数值的最大位数，例如，行号位数为 4，则最大行号值是 N9999。

【起始行号】：一个数控程序的程序段行号可以从 1 开始，也可以从任何正整数开始，然后依次递增。例如，起始行号为 1，则第一条程序段的行号即为 N0001；若起始行号为 10，则第一程序的行号为 N0010。

【行号增量】：指行号递增的数值，可分为连续递增（行号增量-1）和间隙递增（行号增量一任何整数）。

（2）【编程方式设置】：包括【增量/绝对编程】和【代码是否优化】两个选项。

【增量/绝对编程】：若选择【绝对】单选按钮，则系统以绝对方式编程；若选择【增量】单选按钮，则系统以相对方式编程。

【代码是否优化】：若选择【是】单选按钮，则系统将优化代码坐标值，即当代码中程序段的坐标值与前一程序段的坐标值相等时，不再输出相同的坐标值；若选择【否】单选按钮，则系统输出所有的坐标值。

（3）【坐标输出格式设置】：包括【坐标输出格式】、【机床分辨率】和【输出到小数点后几位】3 个选项。

【坐标输出格式】：决定数控程序的数值是以小数还是以整数输出。

【机床分辨率】：指机床的加工精度，该选项一定要按照实际机床的加工精度进行设置，否则输出的程序将会出错。机床精度值越小，则精度高，分辨率也高，机床精度值与分辨率之积为 1。如果机床精度为 0.001，则分辨率设置为 1000，以此类推。

【输出到小数点后几位】：决定输出程序数值的精度，但不能超过机床的精度，否则无实际意义。

（4）【圆弧控制设置】：它是针对各种机床的圆弧编程控制格式不同而设立的，包括【圆弧控制码】、【圆心坐标（I，J，K）】、【R 的含义】3 个选项。

①【圆弧控制码】：分为【圆心坐标（I，J，K）】和【圆弧坐标（R）】两个单选按钮。若选择【圆心坐标（I，J，K）】单选按钮，则 I、J、K 的含义有效，R 的含义无效；若选择【圆弧坐标（R）】单选按钮则 R 的含义有效，I、J、K 的含义无效。

②【I，J，K 的含义】：包括【绝对坐标】、【圆心相对起点】和【起点相对圆心】3 个单选按钮。

【绝对坐标】：圆心坐标（I，J，K）的值是圆心相对于原点的坐标值。

【圆心相对起点】：圆心坐标（I，J，K）的值是圆心相对于起点的相对坐标值。

【起点相对圆心】：圆心坐标（I，J，K）的值是起点相对于圆心的相对坐标值。

③【R 的含义】：分为【圆弧＞180 度 R 为负】和【圆弧＞180 度 R 为正】两个单选按钮。

【圆弧＞180 度 R 为负】：表示在圆弧程序中，当圆弧所对应的圆心角＞180°时，R 的值用负数表示。

【圆弧＞180 度 R 为正】：表示在圆弧程序中，当圆弧所对应的圆心角＞180°时，R 的值仍用正数表示。

（5）其他选项。

【机床名】：不同的机床有不同的后置设置。如果要设置机床的后置设置，应先设定好机床配置，然后单击【机床名】下三角按钮，从下拉列表中选择相应的机床名。

【输出文件最大长度】：该项对生成数控程序的大小进行控制，文件的大小控制以 KB 为单位。例如，在该文本框中输入 800，则表示生成的文件不能大于 800KB。若输出的程序文件大于该文本框所规定的值，则系统将自动分割该文件，例如，当输出的程序文件 CAXA.ISO 超过规定的长度时，系统会自动将该文件分割为 CAXA0001.ISO，CAXA0002.ISO，CAXA0003.ISO 等。

【后置程序号】：记录不同后置程序编号，这样有利于后置程序的管理。

【后置文件扩展名】：设置生成数控程序文件的扩展名。系统默认的扩展名为.ISO。

【显示生成的代码】：若选择该单选框，则代码文件生成后马上打开记事本窗口，以显示该代码文件的内容。

3）R3B 后置设置

R3B 设置是针对不同的机床，其 4B/R3B 代码存在差异而设置的，通过 R3B 设置可以输出特定机床的 4B／R3B 代码。其具体操作如下：

单击【R3B 后置设置】按钮，系统弹出【R3B 设置】对话框，如图 2-56 所示。在该对话框中可进行选择机床、修改机床设置、添加新机床、删除机床等操作。

（1）选择机床。

单击【R3B 格式名】下三角按钮，在弹出的下拉列表中选择相应的机床名。

（2）修改机床设置。

选择要修改的机床名后，在各命令文本框中修改与机床设置相应的命令代码，然后单击

【修改】按钮。

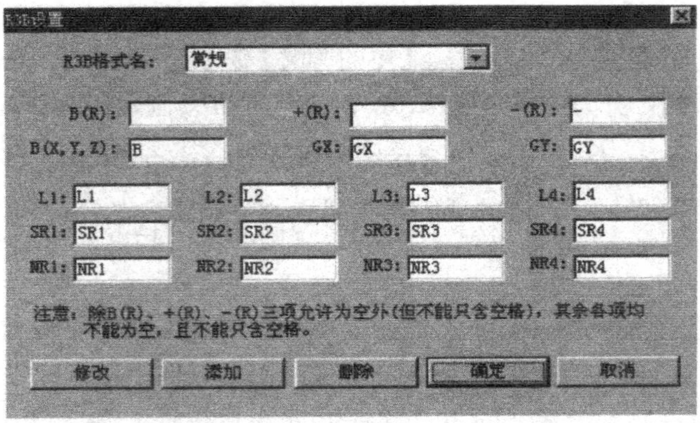

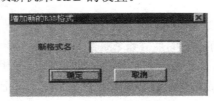

图 2-56　【R3B 设置】对话框

（3）添加新机床。

单击【添加】按钮，系统弹出【增加新的 R3B 格式】对话框，如图 2-57 所示。输入新格式名后，单击【确定】按钮，返回到【R3B 设置】对话框。在该对话框中填写各文本框后，再单击【修改】按钮，即完成新机床 R3B 的设置。

图 2-57　【增加新的 R3B 格式】对话框

（4）删除机床。

选择要删除的机床名后，单击【删除】按钮，即完成该机床的删除。

 知识链接

CAXA 线切割概述

由北航海尔软件有限公司开发的 CAXA 线切割 V2 版，是目前国内处于领先水平并广泛使用的线切割自动编程软件。它集 CAXA 电子图板 V2 与线切割自动编程于一身，主要功能有 CAD 和 CAM 两大部分。

1）CAD 部分的功能

（1）强大的智能化图形绘制和编辑功能

点、直线、圆弧、矩形、样条线、等距线、椭圆、公式曲线等图素的绘制均采用"以人为本"的智能化设计方案，可以根据不同的已知条件，而采用不同的绘图方式。

图素编辑功能处处体现"所见即所得"的智能化设计思想，提供了裁剪、旋转、拉伸、阵列、过渡、粘贴等功能。

（2）支持实物扫描输入

CAXA 线切割支持 BMP、GIF、JPG、PNG、PCX 格式的图形矢量化，生成可进行加工编程的轮廓图形，此功能解决了复杂曲线的切割问题。原来一些难以加工甚至不能加工的零件，现在可通过扫描仪输入，保存为 CAXA 线切割所能处理的图形文件格式，再通过 CAXA 线切割位图矢量化功能对该图形进行处理，转换为 CAD 模型，使复杂零件的线切割成为现实。

（3）丰富的数据接口

CAXA 线切割可以非常方便地与其他 CAD 软件进行数据交换。目前，V2 版支持的格式有 DWG、DXF、WMF、IGES 及 HPGL 文件，CAXA 线切割还可以接收 CAXA 三维电子图板及 CAXA 实体设计生成的二维视图。

（4）特征点的自动捕捉。

在绘制图素的过程中可方便地捕捉到各种图素的端点、中点、圆心、交点、切点、垂足点、最近点、孤立点、象限点。

（5）种类齐全的参量化图库。

用户可以方便地调出多种标准件的图形及预先设定好的常用图符，大大加快了绘图速度，并减轻了绘图负担。

（6）完美的图纸管理系统。

CAXA 线切割 V2 版的图纸管理功能可以按产品的装配关系建立层次清晰的产品树，将散乱、孤立的图纸文件组织到一起，通过多个视图显示产品结构、图纸的标题栏、明细表信息、预览图形等。

（7）实用的局部参数化设计。

当用户在设计产品时，发现局部尺寸要进行修改，只需选取要修改的部分，输入准确的尺寸值，系统就会自动修改图形，并且保持几何约束关系不变。

（8）齿轮花键设计功能。

只需给定参数，系统将自动生成齿轮、花键。

（9）全面开放的平台。

CAXA 线切割系统为用户提供了专业且易用的二次开发平台，全面支持 Visual C++6.0，用户可随心所欲地扩展 CAXA 线切割的功能，并可以编写自己的计算机辅助软件。

2）CAM 部分的功能

（1）方便有效的后置处理设置。

CAXA 线切割针对不同的机床，可以设置不同的机床参数和特定的数控代码，在进行参数设置时无须学习专用语言，便可灵活地设置机床参数。

（2）逼真的轨迹仿真功能。

系统通过轨迹仿真功能，逼真地模拟从起切点到加工结束的全过程，并能直观地检查程序的运行状况。

（3）直观的代码反读功能。

CAXA 线切割系统可以将生成的代码反读进来，生成加工轨迹图形，由此对代码的正确性进行检验。另外，该功能可以对手工编写的程序进行代码反读，所以，CAXA 线切割代码校核功能可作为线切割手工编程模拟检验器来使用。

（4）优越的程序传输方式。

将计算机与机床联机，CAXA 线切割系统可以采用应答传输、同步传输、串口传输、纸带穿孔等多种传输方式，向机床的控制器发送程序。

 思考与练习

对同一个加工图形的轨迹，可选用四种不同的格式来生成程序代码，观察生成的程序代码有何区别。

任务4　YH自动编程控制系统

 任务描述

使用 YH 自动编程控制系统完成如图 2-58 所示工件的加工程序的编制工作。

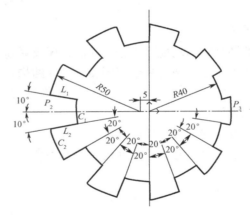

图 2-58　加工工件

 学习目标

结合前面学过的 3B 格式程序、ISO 格式程序编程方法和 CAXA 线切割编程软件，掌握操作 YH 自动编程控制系统的方法。

 任务分析

该工件由 9 个同形的槽和两个圆组成。C_1 的圆心在坐标原点，C_2 为偏心圆。操作时注意 YH 自动编程软件的操作方法和 CAXA 的区别。

 任务准备

YH 自动编程控制系统操作界面，如图 2-59 所示。

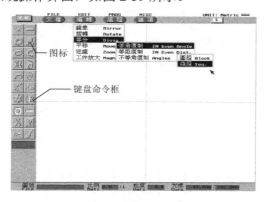

图 2-59　YH 自动编程控制系统操作界面

　　系统的全部绘图和一部分最常用的编辑功能，用 20 个图标表示。其功能分别为（自上而下）：点、线、圆、切圆（线）、椭圆、抛物线、双曲线、渐开线、摆线、螺线、列表曲线、函数方程、齿轮、过渡圆、辅助圆、辅助线，共 16 种绘图控制图标；剪除、询问、清理、重画 4 个编辑控制图标。4 个菜单按钮分别为文件（FILE）、编辑（EDIT）、编程（PROG）和杂项（MISC）。在每个按钮下，均可弹出一个子功能菜单。各菜单的功能见表 2-6。

表 2-6　各级菜单功能

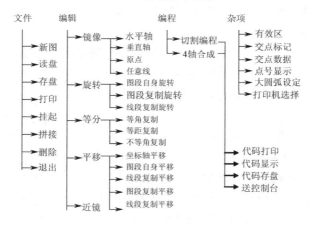

　　在系统主屏幕上除了 20 个图标和 4 个菜单按钮外，下方还有一行提示行。用来显示输入图号，比例系数、粒度和光标位置。

　　YH 系统操作命令的选择，状态、窗口的切换全部用鼠标器实现。（为以后叙述方便起见称鼠标器上的左按钮为命令键，右按钮为调整键），如需要选择某图标或按钮（菜单按钮、参数窗控制钮），只要将光标移到相应位置轻按一下命令键，即可实现相应的操作。

　　本系统的专用名词有以下几个。

　　（1）线段：某条直线或圆弧，如图 2-60（a）所示。

（2）图段：屏幕上相连通的线段（线或圆），称为图段，如图 2-60（b）所示。

（3）粒度：作图时参数窗内数值的基本变化量。（注：粒度为 0.5 时，作圆时半径的取值依次为 8.0，8.5，9.0，9.5……）

（4）元素：点、线、圆。

（5）无效线段：非工件轮廓线段。

（6）光标选择：将光标移到指定位置，再按一下命令键。

（a）图中 L_1、C_2 单独处理时，分别为线段　　　　　（b）图中 L_1、C_2 相连时，可作为一图段

图 2-60　线段与图段

 完成任务

1．绘制图形

首先输入 C1。将光标移至【○】图标，轻按一下命令键，该图标呈深色。然后将光标移至绘图窗内。此时，屏幕下方提示行内的光标位置框显示光标当前坐标。将光标移至坐标原点（注：有些误差无妨，稍后可以修改），按下命令键（注意：命令键不能释放），屏幕上将弹出一参数窗口，如图 2-61 所示。

参数窗的顶端有两个记号，（N0：1）表示当前输入的是第 1 条线段。右边的方形小按钮为放弃控制钮。圆心栏显示的是当前圆心坐标（X，Y），半径的两个框分别为半径和允许误差，夹角指的是圆心与坐标原点间连线的角度。

圆心找到后，接下来确定半径。按住命令键移动光标（注意：此时鼠标器的命令键不能释放），屏幕上将画出半径随着光标移动而变化的圆，当光标远离圆心时，半径变大；当光标靠近圆心时，半径变小。参数窗的半径框内同时显示当前的半径值。移动光标直至半径显示为 40 时，

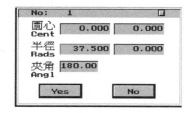

图 2-61　圆弧参数窗口

释放命令键，该圆参数就输入完毕。若由于移动位置不正确，参数有误，可将光标移至需要修改的数据框内（深色背框），按一下命令键，屏幕上即刻将浮现一数字小键盘。用光标箭头选择相应的数值，选定后按一下命令键，就输入一位数字，输入错误，可以用小键盘上的退格键删除。输入完毕后，按【Enter】键结束。

注意：出现小键盘时，也可直接用大键盘输入。

参数全部正确无误后，可用光标的命令键按一下【YES】按钮，该圆就输入完成。

下面输入两条槽的轮廓直线，将光标移至直线图标，按命令键，该图标转为深色背景，

再将光标移至坐标原点，此时光标变成"×"状，表示此点已与第一个圆的圆心重合，按下鼠标命令键，屏幕上将弹出直线参数窗，如图 2-62 所示。

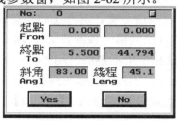

图 2-62　直线参数窗

　　按下命令键（不能放），移动光标，屏幕将画出一条随光标移动而变化的直线，参数的变化反应在参数窗的各对应框内。该例的直线 L_1 关键尺寸是斜角＝170°（斜角指的是直线与 X 轴正方向的夹角，逆时针方向为正，顺时针为负），只要拉出一条角度等于 170°的直线就可以（注意：这里弦长应大于 55，否则将无法与外圆相交）。角度至确定值时，释放命令键，直线输入完成。同理,可用光标对需要进一步修改的参数作修改,全部数据确认后,单击【YES】按钮退出。

　　第二条直线槽边线 L_2 是 L_1 关于水平轴的镜像线，可以利用系统的镜像变换作出。将光标移至【编辑】按钮，按一下命令键，屏幕上将弹出一编辑功能菜单，选择【镜像】又将弹出有 4 种镜像变换选择的二级菜单。选择【水平轴】（这里所说的选择，均指将光标移至对应菜单项内，再轻按一下命令键）屏幕上将画出直线 L_1 的水平镜像线 L_2。

　　画出的这两条直线被圆分隔，圆内的二段直线是无效线段，因此可以先将其删去。将光标移至剪除图标（剪刀形图标）内，按命令键，图标窗的左下角出现工具包图符。从图符内取出一把剪刀形光标，移至需要删去的线段上。该线段变红，控制台中发出"嘟"声，此时可按下命令键（注意：光标不能动），就可将该线段删去。删除两段直线后，由于屏幕显示的误差，图形上可能会有遗留的痕迹而略有模糊。此时，可用光标选择重画图标【/】，图标变深色，光标移入屏幕中，系统重新清理、绘制屏幕。

　　该工件其余的 8 条槽轮廓实际是第一条槽的等角复制，选择编辑菜单中的等分项，取等角复制，再选择图段（因为这时等分复制的不是一条线段）。光标将变成"田"形，屏幕的右上角出现提示【等分中心】，意指需要确定等分中心。移动光标至坐标原点（注：本图形的等分中心就在坐标原点），轻按命令键。屏幕上弹出参数窗，如图 2-63 所示。

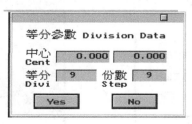

图 2-63　等分参数窗

用光标在【等分】和【份数】框内分别输入 9 和 9（【等分】指在 360°的范围内，对图形进行几等分；【份数】指实际的图形上有几个等分数）。参数确认无误后，按【认可】退出。屏幕的右上角将出现提示【等分体】。提示用户选定需等分处理的图段，将光标移到已画图形的任意处，光标变成手指形时，轻按命令键，屏幕上将自动画出其余的 8 条槽廓。

最后输入偏心圆 C_2。输入的方法同第一条圆弧 C_1（注：若在等分处理前作 C_2，屏幕上将复制出 9 个与 C_2 同形的圆）。鼠标使用不熟练时用光标找 C_2 的圆心坐标比较困难，输入圆 C_2 较简单的方法是用参数输入方式。方法是光标在圆图标上轻点命令键，移动光标至键盘命令框内，在弹出的输入框上用大键盘按格式输入：【-5，0】，50（回车）即得到圆 C_2。为提高输入速度，对于圆心和半径都确定的圆可用此方法输入。

图形全部输入完毕，但是屏幕上有不少无效的线段，对于二条圆弧上的无效段，可以利用系统中提供的交替删除功能快速地删除。将剪刀形光标移至欲删去的任一圆弧段上，该圆弧段变红时按调整键，系统将按交替（一隔一）的方式自动删除圆周上的无效圆弧段。连续二次使用交替删除功能，可以删去二条圆弧上的无效圆弧段。余下的无效直线段，可以用清理图标功能解决。在此功能下，系统能自动将非闭合的线段一次性除去。光标在删除图标上轻点命令键，图标变色，把光标移入屏幕即可。（注：用删除命令清理时，所需清理的图形必须闭合。）

用删除命令清理后，屏幕上将显示完整的工件图形。可以将此图形存盘，以备后用。方法：先将光标移至图号框内，轻按命令键。框内将出现黑色底线，此时可以用键盘输入图号（不超过 8 个符号），以回车符结束。该图形就以指定的图号自动存盘。（注：存盘前一定要把数据盘插入驱动器 A 中，并关上小门）。须注意这里存的是图形，不是代码。

2．程序编制

用光标在编程按钮上轻点命令键，弹出菜单，在【切割编程】上轻点命令键，屏幕左下角出现工具包图符，从工具包图符中可取出丝架状光标，屏幕右上方显示"丝孔"，提示用户选择穿孔位置。位置选定后，按下命令键，再移动光标（命令键不能释放），拉出一条连线，使之移到要切割的首条线段上（移到交点处光标变成"×"形，在线段上为手指形），释放命令键。该点处出现一指示牌"▲"，屏幕上出现加工参数设定窗，如图 2-64 所示。

此时，可对孔位及补偿量、平滑（尖角处过渡圆半径）作相应的修改。单击【YES】按钮认可后，参数窗消失，出现路径选择窗，如图 2-65 所示。

图 2-64　加工参数窗

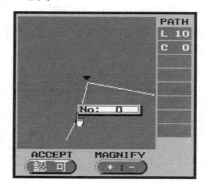

图 2-65　路径选择窗

　　路径选择窗中的红色指示牌处是起割点，左右线段表示工件图形上起割点处的左右各一线段，分别在窗边用序号代表（C表示圆弧，L表示直线，数字表示该线段作出时的序号：0～n）。窗中"＋"表示放大钮，"－"表示缩小钮，根据需要用光标每点一下就放大或缩小一次。选择路径时，可直接用光标在序号上轻点命令键，序号变黑底白字，光标轻点"认可"即完成路径选择。当无法辨别所列的序号表示哪一线段时，可用光标直接指向窗中图形的对应线段上，光标呈手指形，同时出现该线段的序号，轻点命令键，它所对应线段的序号自动变黑色。路径选定后光标轻点"认可"。路径选择窗即消失，同时火花沿着所选择的路径方向进行模拟切割，到"OK"结束。如工件图形上有交叉路径，火花自动停在交叉处，屏幕上再次弹出路径选择窗。同前所述，再选择正确的路径直至"OK"。系统自动把没切割到的线段删除，成一完整的闭合图形。

　　火花图符走遍全路径后，屏幕右上角出现加工开关设定窗，如图2-66所示，

　　其中有5项选择：加工方向、锥度设定、旋转跳步、平移跳步和特殊补偿。

　　（1）加工方向：有左、右向两个三角形，分别代表逆/顺时针方向，红底黄色三角为系统自动判断方向。（特别注意：系统自动判断方向一定要和火花模拟走的方向一致，否则得到的程序代码上所加的补偿量正、负相反。）。若系统自动判断方向与火花模拟切割的方向相反，可用命令键重新设定：将光标移到正确的方向位，点一下命令键，使之成为红底黄色三角。

　　（2）锥度设定：加工的工件有锥度，要进行锥度设定。光标按"锥度设定"的【ON】按钮，使之变蓝色，出现锥度参数窗，如图2-67所示。

图2-66　加工开关设定窗

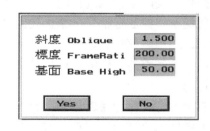

图2-67　锥度参数窗

　　参数窗中有斜度、标度、基面3项参数输入框，分别输入相应的数据。

　　① 斜度：钼丝的倾斜角度，有正、负方向。工件上小下大为负；上大下小为正。

　　② 标度：上、下导轮中心间的距离或旋转中心至上导轮中心的距离（或对应的折算量），单位为毫米。

　　③ 基面：在十字拖板式机床中，由于下导轮的中心不在工件切口面上，需对切口坐标进行修正。基面为下导轮（或旋转）中心到工件下平面间的距离。

　　设置：斜度=1.5，标度=200，基面=50。

　　本例无跳步和特殊补偿设定，可直接用光标轻点加工参数设定窗右上角的小方块"■"按钮，退出参数窗。屏幕右上角显示红色"丝孔"提示，提示用户可对屏幕中的其他图形再次进行穿孔、切割编程。系统将以跳步模的形式对两个以上的图形进行编程。因本例无此要求，可将丝架形光标直接放回屏幕左下角的工具包（用光标轻点工具包图符），完成编程。

退出切割编程阶段，系统即把生成的输出代码反编译，并在屏幕上用亮白色绘出对应线段。若编码无误，两种绘图的线段应重合（或错开补偿量）。本例的代码反译出两个形状相同的图形，与黄色图形基本重合的是 $X-Y$ 平面的代码图形，另一个是 $U-V$ 平面的代码图形。随后，屏幕上出现输出菜单。

菜单中有代码打印、代码显示、代码存盘、三维造型、送控制台和退出。

（1）【代码打印】：通过打印机打印程序代码。

（2）【代码显示】：显示自动生成的 ISO 代码，以便核对。在参数窗右侧，有两个上下翻页按钮，可用于观察在当前窗内无法显示的代码。光标在两个按钮中间的灰色框上，按下命令键，同时移动光标，可将参数窗移到屏幕的任意位置上。用光标选取参数窗左上方的撤销按钮"■"，可退出显示状态。

（3）【代码存盘】：在驱动器中插入数据盘，光标按"代码存盘"，在"文件名"输入框中输入文件名，按【Enter】键完成代码存盘。（此处存盘保存的是代码程序，可在 YH 控制系统中读入调用）。

（4）【三维造型】：光标按"三维造型"，屏幕上出现"工件厚度"输入框，提示用户输入工件的实际厚度。输入厚度数据后，屏幕上显示出图形的三维造型，同时显示 $X-Y$ 面为基准面（红色）的加工长度和加工面积，以利于用户计算费用。光标回到工具包中轻点命令键，退回菜单中。

（5）【送控制台】：光标按此功能，系统自动把当前编好的程序送入"YH 控制系统"中，进行控制操作。同时编程系统自动把图形"挂起"保存。若控制系统正处于加工或模拟状态时，将出现提示"控制台忙"，禁止代码送入。

【退出】：退出编程状态。

至此，一个完整的工件编程过程结束，即可进行实际加工。光标按屏幕左上角的【YH】窗口切换标志，系统在屏幕左下角弹出一窗口，显示控制台当前的坐标值和当前代码段号。该窗口的右下方有一标记【CON】，若用光标点取该【CON】，即返回控制屏幕，同时把 YH 编程屏幕上的图形"挂起"保存。若点取该弹出窗口左上角的【一】标记，将关闭该窗口。

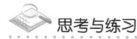 思考与练习

试比较 CAXA 线切割软件与 YH 自动编程软件各自的优缺点。

第二篇　模具电火花线切割工艺与操作

模块三　模具电火花线切割加工工艺基础

如何学习

本模块内容为模具电火花线切割加工工艺基础，同学们主要以掌握、理解为认知标准。

什么是加工路线

线切割加工中电极丝在工件上运动的轨迹，称为加工路线。

任务1　加工路线的确定

 任务描述

要切割如图 3-1 所示的凸模，选用哪种穿丝孔位置及切割方向好？

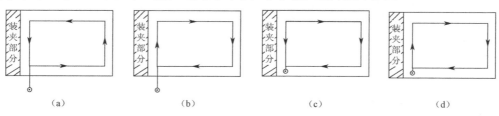

（a）　　　　　　　（b）　　　　　　　（c）　　　　　　　（d）

图 3-1　切割凸模穿丝孔位置及切割方向图

 学习目标

能根据具体的加工对象和要求合理地选用穿丝孔位置及切割方向，保证产品加工质量。

 任务分析

（1）图 3-1（a）和图 3-1（b）不打穿丝孔，从外切入工件，切第一边时使工件的内应力失去平衡而产生变形，再加工第二边、第三边、第四边，误差增大。图 3-1（d）使工件的装

夹部分与加工部分在切第一边时就被大部分割离，减小了工件后面加工时的刚度，误差较大。

（2）合理确定穿丝孔位置。

许多模具制造者在切割凸模类外形工件时，常常直接从材料的侧面切入，在切入处产生缺口，残余应力从切口处向外释放，易使凸模变形。为了避免变形，在淬火前先在模坯上打了穿丝孔，孔径为 3～10 mm，待淬火后从模坯内对凸模进行封闭切割，如图 3-2（a）所示。穿丝孔的位置宜选在加工图形的拐角附近，如图 3-2（a）所示，以简化编程运算，缩短切入的切割行程。切割凹模时，对于小型工件，如图 3-2（b）所示零件，穿丝孔宜选在工件待切割型孔的中心；对于大型工件，穿丝孔可选在靠近切割图形的边角处或已知坐标尺寸的交点上，以简化运算过程。

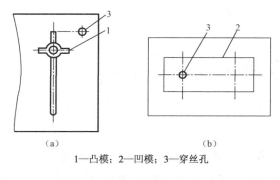

（a）　　　　　　　　　　　　（b）

1—凸模；2—凹模；3—穿丝孔

图 3-2　线切割穿丝孔的位置

完成任务/操作步骤

完成任务

为了减少工件的变形，在工件上用穿孔机先打一个 2 mm 的孔，电极丝从这个孔穿进来。其次，采用逆时针加工，在加工完这个工件之前保证加工时的刚度，减小误差，加工路线如图 3-1（c）所示。图 3-1（c）所示的工艺路线最好。这种路线工件变形小、误差小。

工艺技巧／操作技巧

避免加工起始点造成的应力一般来说，当一个具有内应力的工件从端面切割时，在工件材料上就会产生与之相应的变形。为了防止这种情况的发生，一般要在工件上用穿孔机打一个起始孔，其直径为 1～3 mm，并从该孔开始加工。

知识链接

一、多次切割工艺

线切割多次切割工艺与机械制造工艺一样，先粗加工，后精加工，先采用较大的电流和补偿量进行粗加工，然后逐步用小电流和小补偿量一步一步精修，从而达到高精度和低粗糙度。目前，低速走丝线切割加工普遍采用了多次切割加工工艺，高速走丝多次切割工艺正在实验之中。例如，加工凸模（或柱状零件）如图 3-3（a）所示，在第一次切割完成时，凸模就与工件毛坯本体分离，第二次切割将切割不到凸模。所以在切割凸模时，大多采用如图 3-3（b）所示的方法。

如图 3-3（b）所示，第一次切割的路径为 $O \rightarrow O_1 \rightarrow O_2 \rightarrow A \rightarrow B \rightarrow C \rightarrow D \rightarrow E \rightarrow F$，第二次切割的路径为 $F \rightarrow E \rightarrow D \rightarrow C \rightarrow B \rightarrow A \rightarrow O_2 \rightarrow O_1$，第三次切割的路径为 $O \rightarrow O_1 \rightarrow O_2 \rightarrow A \rightarrow B \rightarrow C \rightarrow D \rightarrow E \rightarrow F$。这样，当 $O_2 \rightarrow A \rightarrow B \rightarrow C \rightarrow D \rightarrow E$ 部分加工好，O_2E 段作为支撑尚未与工件毛坯分离。O_2E 段的长度一般为 AD 段的 1/3 左右，太短了则支撑力可能不够，在实际中采用的处理最后支撑段的工艺方法很多，下面介绍常见的几种。

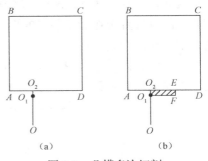

图 3-3　凸模多次切割

（1）首先沿 O_1F 切断支撑段，在凸模上留下一凸台，然后再在磨床上磨去该凸台。这种方法应用较多，但对于圆柱等曲边形零件则不适用。

（2）在以前的切缝中塞入铜丝、铜片等导电材料，再对 O_2E 边多次切割。

（3）用一狭长铁条架在切缝上面，并将铁条用金属胶胶接在工件和坯料上，再对 O_2E 边多次切割。

 思考与练习

加工如下图所示的凸模，要求零件变形最小，试确定合理穿丝孔位置及切割方向。

什么是电参数

电加工过程中的电压、电流、脉冲宽度、脉冲间隔、功率和能量等参数称为电参数。

任务2　线切割加工中的电参数

 任务描述

认识电参数对加工的影响：

分析修改电参数方式对零件加工有何影响?并填写在表 3-1 中。

表 3-1　电参数对零件加工的影响

序　号	修改电参数方式	对加工的影响
1	增大峰值电流（或管数）	
2	增大脉冲宽度	
3	增大脉冲间隔	
4	增大进给速度	

 学习目标

在加工中能根据具体的加工对象和要求合理地选择电参数，保证产品加工质量。

 任务分析

阅读与该任务相关的知识。

相关知识

1. 电参数对加工的影响

（1）峰值电流（或管数）。峰值电流是指放电电流的最大值。它对提高切割速度最为有效。增大峰值电流，单个脉冲的能量增大，切割速度提高，但表面粗糙度差，电极丝的损耗也随之变大，容易造成断丝。

（2）脉冲宽度 T_i（单位为 μs）。脉冲宽度是指脉冲电流的持续时间。脉冲宽度的大小标志着单个脉冲的能量强弱，它对加工效率、表面粗糙度和加工稳定性的影响最大。因此，在选择电参数时，脉冲宽度是首选。

在其他加工条件相同的情况下，切割速度随着脉冲宽度的增加而加快，但脉冲宽度达到一定高度时电蚀物来不及排除，会使加工不稳定，表面粗糙度变差。对于不同的工件材料和工件厚度，应合理选择适宜的脉宽。工件越厚，脉宽应相应地增大，为保证一定的表面粗糙度，一般以机床进给速度均匀和不短路为宜。

粗加工时，脉冲宽度可在 20～60 μs 内选择；精加工时，脉冲宽度可在 20 μs 内选择。

（3）脉冲间隔 T_0（单位为 μs）。其他参数不变，缩短相邻两个脉冲之间的脉冲间隔时间，即提高脉冲频率，增加电蚀次数，切割速度加快。但是，当脉冲间隔减小到一定程度后，电蚀物来不及排除，形成短路，造成加工不稳定。因此，加大脉冲间隔，有利于工件排屑，使加工稳定性好，不易短路和断丝。切割厚工件时，选用大的脉冲间隔，有利于排屑，使加工稳定。一般脉冲间隔选择在 10～250 μs 之间。

（4）进给速度 v_i（单位为 mm/min）

进给速度太快，容易产生短路和断丝，加工不稳定，反而使切割速度降低，加工表面发焦呈褐色；进给速度太慢，会产生二次放电，使脉冲利用率过低，切割速度降低，工件表面的质量受到影响；进给速度适当，加工稳定，切割速度高，可得到很好的表面粗糙度和加工精度。

综上所述，电参数对线切割电火花加工的工艺指标的影响有如下规律。

（1）加工速度随着加工峰值电流、脉冲宽度的增大，以及脉冲间隔的减小而提高，即加工速度随着加工平均电流的增加而提高。有试验证明，增大峰值电流对切割速度的影响比用增大脉冲宽度的办法显著。

（2）加工表面粗糙度数值随着加工峰值电流、脉冲宽度的增大，以及脉冲间隔的减小而增大，只不过脉冲间隔对表面粗糙度影响较小。

（3）脉冲间隔的合理选取，主要与工件厚度有关。当工件较厚时，因排屑条件不好，可以适当增大脉冲间隔。

实践表明，在加工中改变电参数对工艺指标影响很大，必须根据具体的加工对象和要求，综合考虑各因素及其相互影响关系，选取合适的电参数，既优先满足主要加工要求，又同时注意提高各项加工指标。例如，加工精密零件时，精度和表面粗糙度是主要指标，加工速度是次要指标，这时选择电参数主要满足尺寸精度高、表面粗糙度好的要求。又如，加工低精度零件时，对尺寸的精度和表面粗糙度要求低一些，故可选较大的加工峰值电流、脉冲宽度，尽量获得较高的加工速度。此外，不管加工对象和要求如何，还须选择适当的脉冲间隔，以保证加工稳定进行，提高脉冲利用率。因此，选择电参数值是相当重要的，只要能客观地运用它们的最佳组合，就一定能够获得良好的加工效果。

低速走丝线切割机床及部分高速走丝线切割机床（如北京阿奇）的生产厂家在操作说明书中给出了较为科学的加工参数表。在操作这类机床时，一般只需按照说明书正确地选用参数表即可。而对绝大部分高速走丝机床而言，初学者可以根据操作说明书中的经验值大致选取，然后根据电参数对加工工艺指标的影响具体调整。

2．经验介绍

对于 40 mm 厚度以下的钢，一般参数怎么设置都能切割，脉宽大了，电流大切割就能快一些，反之就会慢一些，而光洁度好一点，这是典型的反向互动特性。

对于 40～100 mm 厚度的钢，就一定有大于 20 μs 的脉宽和大于 6 倍脉宽的间隔，峰值电流也一定要达到 12 A 以上，这是为保证有足够的单个脉冲能量和足够的排除电蚀物的间隔时间。

对于 100～200 mm 厚度的钢，就一定有大于 40 μs 的脉宽和大于 10 倍脉宽的间隔，峰值电流应维持在 20 A 以上，此时保证足够的火花爆炸力和蚀除物排出的能力已是至关重要的了。

对于 200 mm 以上厚度的钢，属于大厚度钢切割范围，在该范围内，除丝速、水的介电系数等必备条件外，最重要的条件是让单个脉冲能量达到 0.15（V·A·s），也就是 100 V、25 A、60 μs（或 100 V、30 A、50 μs；125 V、30 A、40 μs；125 V、40 A、30 μs）。为了不使丝的载流量过大，12 倍以上的脉冲间隔已是必备条件了。

 完成任务/操作步骤

完成任务

填写表 3-1 中的"对加工的影响"栏目，完成任务的结果如表 3-2 所示。

表 3-2　电参数对零件加工的影响

序　号	修改电参数方式	对加工的影响
1	增大峰值电流（或管数）	切割速度提高，但表面粗糙度差，电极丝的损耗也随之变大，容易造成断丝
2	增大脉冲宽度	切割速度提高，但表面粗糙度差，易造成断丝
3	增大脉冲间隔	加工稳定性好，不易短路和断丝
4	增大进给速度	易产生短路和断丝，加工不稳定

 知识链接

1．非电参数对加工的影响

1）电极丝

（1）材料。

电火花线切割加工使用的电极丝材料有钼丝、钨丝、钨钼合金丝、黄铜丝、铜钨丝等。

目前，高速走丝线切割加工中广泛使用直径 0.18 mm 左右的钼丝作为电极丝，低速走丝线切割加工中广泛使用直径 0.1～0.4 mm 的黄铜丝作为电极丝。

（2）直径。

电极丝的直径对加工速度的影响较大。若电极丝直径过小，则承受电流小，切缝也窄，不利于排屑和稳定加工，显然不可能获得理想的切割速度。因此，在一定的范围内，电极丝的直径加大对切割速度是有利的。但是，电极丝的直径超过一定程度，造成切缝过大，反而又影响了切割速度的提高。因此，电极丝的直径又不宜过大。同时，电极丝直径对切割速度的影响也受脉冲参数等综合因素的制约。

（3）走丝速度。

对于高速走丝线切割机床，在一定的范围内，随着走丝速度的提高，有利于脉冲结束时放电通道迅速消电离。同时，高速运动的电极丝能把工作液带入厚度较大工件的放电间隙中，有利于排屑和放电加工稳定进行。故在一定加工条件下，随着丝速的增大，加工速度提高。

（4）电极丝张力对工艺指标的影响。

电极丝张力的大小对线切割加工精度和速度等工艺指标有重要的影响。若电极丝的张力过小，一方面电极丝抖动厉害，会频繁造成短路，以致加工不稳定，加工精度不高；另一方面，电极丝过松使电极丝在加工过程中受放电压力作用而产生的弯曲变形严重，结果电极丝切割轨迹落后并偏移工作轮廓，即出现加工滞后现象，从而造成形状和尺寸误差。例如，切割较厚的圆柱时会出现腰鼓形状，严重时电极丝在快速运转过程会跳出导轮槽，从而造成断丝等故障。但如果过分将张力增大时，切割速度不仅不继续上升，反而容易断丝。电极丝断丝的机械原因主要是由于电极丝本身受抗拉强度的限制。

在高速走丝线切割加工中，由于受电极丝直径、丝使用时间的长短等因素限制，一般电极丝在使用初期张力可大些，使用一段时间后，张力宜小一些。

在低速走丝加工中，设备操作说明书一般都有详细的张紧力设置说明，初学者可以按照说明书去设置，有经验者可以自行设定。对多次切割，可以在第一次切割时稍微减小张紧力，以避免断丝。

2）工作液

线切割机床的工作液有煤油、去离子水、乳化液、酒精溶液等。目前，高速走丝线切割工作液广泛采用的是乳化液，其加工速度快。低速走丝线切割机床采用的工作液是去离子水和煤油。

低速走丝线切割机的加工精度高、粗糙度低，对工作液的杂质和温度有较高的要求，因而相对高速走丝线切割机床的工作液简易过滤箱，低速走丝线切割机床有一套复杂的。工作液循环过滤系统。

3）工作材料及厚度

（1）工作材料对工艺指标的影响。

在工艺条件大体相同的情况下，工件材料的化学、物理性能不同，加工效果也会有较大差异。

在低速走丝方式、煤油介质情况下，加工铜件过程稳定，加工速度较快；加工硬质合金等高熔点、高硬度、高脆性材料时，加工稳定性及加工速度都比加工铜件低；加工钢件，特别是不锈钢、磁钢和未淬火硬度低的钢等材料时，加工稳定性差，加工速度低，表面粗糙度也差。

在高速走丝方式、乳化液介质的情况下，加工铜件、铝件时，加工过程稳定，加工速度快；但电极丝易涂复一层铜、铝电蚀物微粒，加速导电块磨损。加工不锈钢、磁钢、未淬火硬度低的钢件时，加工稳定性差些，加工速度低，表面粗糙度也差；加工硬质合金钢或淬火硬度高的钢件时，加工还比较稳定，加工速度较高，表面粗糙度好。

金属材料的物理性能（如熔点、沸点、导热性能等）对线切割加工的过程有较大的影响。金属材料的熔点、沸点越高，越难加工；材料的导热系数越大，则加工效率越低。

（2）工件厚度对工艺指标的影响。

工件厚度对工作液进入和流出加工区域，以及电蚀产物的排除、通道的消电离等都有较大的影响。同时，电火花通道压力对电极丝抖动的阻尼作用也与工件厚度有关。这样，工件厚度对电火花加工稳定性和加工速度必然产生相应的影响。工件材料薄，工作液容易进入和充满放电间隙，对排屑和消电离有利，加工稳定性好。但是工件若太薄，对固定丝架来说，电极丝从工件两端面到导轮的距离大，易发生抖动，对加工精度和表面粗糙度带来不良影响，且脉冲利用率低，切割速度下降；若工件材料太厚，工作液难以进入和充满放电间隙，这样对排屑和消电离不利，加工稳定性差。

工件材料的厚度大小对加工速度有较大影响。在一定的工艺条件下，加工速度随工件厚度的变化而变化，一般都有一个对应最大加工速度的工件厚度。图 3-4 所示为低速走丝时，工件厚度对加工速度的影响。图 3-5 所示为高速走丝时，工件厚度对加工速度的影响。

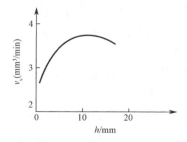

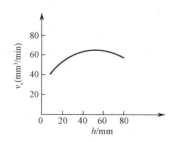

图 3-4　低速走丝时工件厚度对加工速度的影响　　图 3-5　高速走丝时工件厚度对加工速度的影响

思考与练习

在电火花线切割加工过程中，如果经常断丝应如何修改放电参数？

什么是线径补偿

线径补偿又称"间隙补偿"或"钼丝偏移"。 为了消除电极丝半径和放电间隙对加工精度的影响，获得所要求的加工轮廓尺寸，数控系统对电极丝中心相对于加工轨迹需偏移一给定值，即线径补偿。

任务3　线径补偿的确定

 任务描述

用 3B 代码编制加工如图 3-6（a）所示零件的线切割加工程序。已知线切割加工用的电极丝直径为 0.18mm，单边放电间隙为 0.01mm，图中 A 点为穿丝孔，加工方向沿 $A \to B \to C \to \cdots \to H \to B \to A$ 进行。

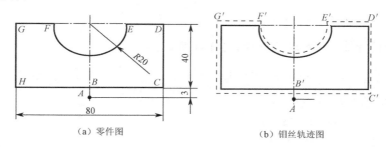

（a）零件图　　　　　　　（b）钼丝轨迹图

图 3-6　线切割图形

 学习目标

在加工中能根据具体的加工对象和要求合理地选择线径补偿，保证产品加工尺寸。

 任务分析

现用线切割加工凸模状的零件图，实际加工中由于钼丝半径和放电间隙的影响，钼丝中心实际运行的轨迹形状如图 3-6（b）中虚线所示，即加工轨迹与零件图相差一个补偿量，补偿量的大小 δ＝钼丝的半径+单边放电间隙=0.09+0.01=0.1 mm。

在加工中需要注意 $E'F'$ 圆弧的编程，其对应的没有补偿的圆弧 EF 与 $E'F'$ 有较多不同点，现比较如表 3-3 所示。

表 3-3 圆弧 *EF* 与圆弧 *E′ F′* 的比较

	起 点	起点所在的象限	圆弧首先进入的象限	圆弧经历的象限
圆弧 *EF*	*E*	*X* 轴上	第四象限	第四、三象限
圆弧 *E′ F′*	*E′*	第一象限	第一象限	第一、四、三、二象限

计算并编制圆弧 *E′ F′* 的 3B 代码：在图 3-6（b）中，最难编制的是圆弧 *E′ F′*，其具体计算过程如下：

以圆弧 *E′ F′* 的圆心为坐标原点，建立直角坐标系，可得 E′ 点的坐标为 $Y=0.1$ mm，$X=19.9$ mm。根据对称原理可得 F′ 的坐标为（-19.9，0.1）。

根据上述计算可知，圆弧 *E′ F′* 的终点坐标 Y 的绝对值小，所以计数方向取 G_Y。

圆弧 *E′ F′* 在一、二、三、四象限分别向 Y 轴投影得到长度分别为 0.1，19.9，19.9，0.1mm，故 $J=100+19\,900+19\,900+100=40\,000$。

圆弧 *E′ F′* 首先在第一象限顺时针切割，故加工指令 Z 为 SR1。由上可知，圆弧 *E′ F′* 的 3B 代码为 B19900B100B40000GYSR1。

完成任务/操作步骤

完成任务

经过上述分析计算，可得轨迹形状的 3B 程序如下：

```
N1   B0      B2900  B2900 GY L2
N2   B40100B0       B40100 GX L1
N3   B0      B40200B40200 GY L2
N4   B20200B0       B20200 GX L3
N5   B19900B100  B40000 GY SR1
N6   B20200B0       B20200 GX L3
N7   B0      B40200B40200 GY L4
N8   B40100B0       B40100 GX L2
N9   B0      B2900  B2900 GY L2
DD
```

工艺技巧/操作技巧

上面例题讲的是将要切割的图形放大或缩小再编程，这样的程序就不需要再进行补偿了。我们还可以将要切割的图形编程，再设置补偿。例如，以东方数控 YH 编程软件为例，它的偏移方向是"左正右负"原则。通俗一点就是说：以工件的外型轮廓线为基准，假设钼丝沿外形轮廓线走，则钼丝与轮廓线的相对位置有三种情况：

（1）钼丝在轮廓线的里面；

（2）钼丝刚好在轮廓线上；

（3）钼丝在轮廓线的外面。

第一种情况：假设钼丝沿着与时钟（指针式时钟）相反的方向走，而且又在圆（轮廓）的里面，则可以判断钼丝是在圆的左边，那为正（+0.1），0.1 为钼丝的半径+放电间隙。顺着时钟方向走时在圆右边，所以为负（-0.1）。

第二种情况：因为钼丝刚好在轮廓线的中间，不正也不负，所以为 0。

第三种情况：假设钼丝沿着与时钟（指针式时钟）相反的方向走，而且又在圆（轮廓）的外面，则可以判断钼丝是在圆的右边，那为负（-0.1）。顺着时钟方向走时在圆左边，所以为正（+0.1）。

总而言之，在编制线切割加工程序时，补偿量 Δ 的计算方法为 Δ=电极丝半径+电火花单边放电间隙±模具单边配合间隙。其中，单边放电间隙对高速走丝线切割机而言，通常取值为 0.01 mm。这对一般精度的模具来说可以满足要求，但对精度要求较高的模具来说，机械地套用此方法就显得不足。本人据工作实践经验认为，在编制高精度模具的线切割程序时，应针对模具的具体要求和机床的特点，适当修正单边放电间隙的取值和考虑留有一定的研磨量，这样可有效地提高模具加工精度和延长模具使用寿命。

 思考与练习

用 3B 代码编制加工如右图所示的凸模和凹模的线切割加工程序。凸、凹模的单边间隙为 0.05mm，线切割加工用的电极丝直径为 0.18mm，单边放电间隙为 0.01mm。

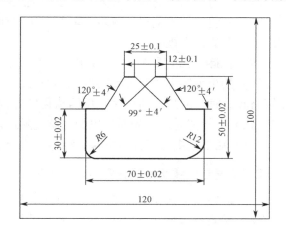

任务4　线切割加工的安全文明生产

 任务描述

在线切割加工中有哪些注意事项？

 **学习目标**

为了保证操作者的人身安全，保证设备安全，操作者必须严格遵守线切割机床安全操作规程。

完成任务/操作步骤

完成任务

1．高速走丝线切割机床安全操作规程

（1）开机前按机床说明书的要求，对各润滑点加油。

（2）按照线切割加工工艺正确选用加工参数，按规定的操作顺序操作。

（3）用手摇柄转动贮丝筒后，应及时取下手摇柄，防止贮丝筒转动时将手摇柄甩出伤人。

（4）装卸电极丝时，注意防止电极丝扎手。卸下的废丝应放在规定的容器内，防止造成电器短路等故障。

（5）停机时，要在贮丝筒刚换向后尽快按下【停止】按钮，以防止贮丝筒启动时冲出行程引起断丝。

（6）应消除工件的残余应力，防止切割过程中工件爆裂伤人。加工前应安装好防护罩。

（7）安装工件的位置，应防止电极丝切割到夹具；应防止夹具与线架下臂碰撞；应防止超出工作台的行程极限。

（8）不能用手或手持导电工具同时接触工件与床身（脉冲电源的正极与地线）以防触电。

（9）禁止用湿手按开关或接触电器部分。防止工作液及导电物进入电器部分。发生因电器短路起火时，应先切断电源，用四氯化碳等合适的灭火器灭火，不准用水灭火。

（10）在检修时，应先断开电源，防止触电。

（11）加工结束后断开总电源，擦净工作台及夹具并上油。

2．低速走丝线切割机床安全操作规程

（1）操作者必须经过技术培训才能上机操作。

（2）安装好所有的安全保护盖、板后才能开始加工。

（3）在加工中接触电极丝（包括废丝）会发生触电，同时接触电极丝和机床会发生短路。因此，必须装上或关上所有的防护罩后才能开始加工。打开防护罩或门时需中断加工。

（4）选择合理的工作液喷流压力以减小飞溅，加工时需装上挡水盘，围好挡水帘。

（5）禁止用湿手按开关或接触电器部分。防止导电物进入电器部分，以免触电或造成电气故障。

（6）在检修时应先断开电源，防止触电。

（7）加工结束后断开总电源。

 思考与练习

结合身边的线切割机床，说明在加工中应如何注意安全。

模块四 模具电火花线切割加工的基本操作

任务1 电火花线切割机床操作准备

如何学习

本模块内容为模具电火花线切割加工的基本操作，主要以培养动手能力为认知标准。

 任务描述

用数控线切割机床加工如图 4-1 所示的零件。

已知材料为 GCr15，硬度为 HRC60。试分析能否用线切割机床对其进行加工，并制定加工工艺过程。

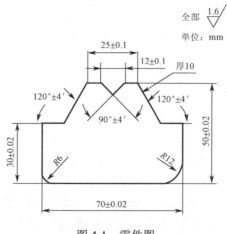

图 4-1 零件图

 学习目标

通过理论联系实习，掌握线切割加工工艺过程。

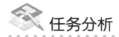 **任务分析**

利用电火花线切割加工原理制定加工工艺过程。

（1）准确分析加工零件的工艺要求。

① 工件材料为 GCrl5，硬度为 HRC60。由于其硬度较高，一般机械加工较困难，故适宜采用线切割机床加工。

② 从图 4-1 上可看到最高加工精度为±0.02 mm，零件表面粗糙度 Ra 为 3.2 μm，所以，用快走丝线切割机床能够保证加工精度。

（2）零件的加工工艺过程。

一般来说，数控线切割加工是工件加工的最后一道工序。零件加工的工艺过程主要有五个步骤，即工艺准备、工件装夹、编程、加工、检验。具体如图 4-2 所示。

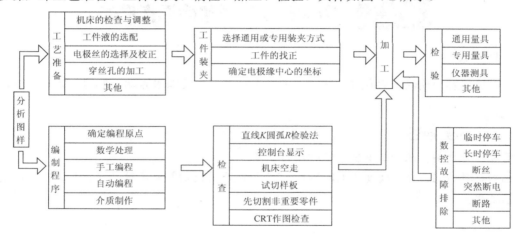

图 4-2　数控线切割加工的加工过程

完成任务/操作步骤

完成任务

分析零件图 4-1，在确定了线切割工艺之后，根据线切割加工的工艺，应做如下准备工作。

（1）线电极准备。

从图 4-1 可看到最高加工精度为±0.02 mm，零件表面粗糙度 Ra 为 1.6 μm，故一般的快走丝线切割机床就能完成加工，电极丝选直径为 0.18 mm 的钼丝。

（2）工件准备。

零件最大尺寸为 70×50，故毛坯的尺寸选为长 90×宽 60×厚 10。

毛坯加工过程：下料→锻造→退火→机械粗加工→淬火与高温回火→磨加工（退磁）→线切割加工→钳工修整。

（3）工作液准备。

根据所用机床说明书，使用线切割专用乳化油与自来水按正确的比例配置出乳化型线切割工作液。

知识链接

工艺准备主要包括线电极准备、工件准备和工作液准备。

1. 线电极准备

1）线电极材料的选择

目前线电极材料的种类很多，主要有纯铜丝、黄铜丝、专用黄铜丝、钼丝、钨丝，以及各种合金丝及镀层金属线等。常用线电极材料的特点如表 4-1 所示。

表 4-1　常用线电极材料的特点

材　料	线径/mm	特　点
纯铜	0.1～0.25	适合切割速度要求不高或精加工时用，丝不易卷曲，抗拉强度低，容易断丝
黄铜	0.1～0.30	适合高速加工，加工面的蚀屑附着少，表面粗糙度和加工面的平直度也较好
专用黄铜	0.05～0.35	适合高速、高精度和理想的表面粗糙度加工及自动穿丝，但价格高
钼	0.06～0.25	由于它的抗拉强度高，一般用于快速走丝，在进行微细、窄缝加工时，也可用于慢速走丝
钨	0.03～0.10	由于它的抗拉强度高，可用于各种窄缝的微细加工，但价格昂贵

一般情况下，快速走丝机床常用钼丝作线电极，钨丝或其他贵重金属丝因成本高而很少用，其他线材因抗拉强度低，在快速走丝机床上不能使用。慢速走丝机床上则可用各种铜丝、铁丝，以及专用合金丝和镀层（如镀锌等）的电极丝。

2）线电极直径的选择

线电极直径 d 应根据工件加工的切缝宽窄、工件厚度及拐角尺寸的大小等进行选择。由图 4-3 可知，线电极直径 d 与拐角半径 R 的关系为 $d \leqslant 2(R-\delta)$。所以，在拐角要求小的微细线切割加工中，需要选用线径细的电极。但线径太细，能够加工的工件厚度和切割效率也将会受到限制。

3）电极丝上丝、紧丝对工艺指标的影响

电极丝的上丝、紧丝是线切割操作的一个重要环节，它直接影响到加工零件的质量和切割速度。当电极丝张力 N 适中时，切割速度最大。在上丝、紧丝的过程中，如果上丝过紧，电极丝超过弹性变形的限度，由于频繁地往复弯曲、摩擦，加上放电时遭受急热、急冷变换的影响，可能发生疲劳而造成断丝。高速走丝时，上丝过紧而断丝往往发生在换向的瞬间，严重时即使空走也会断丝。

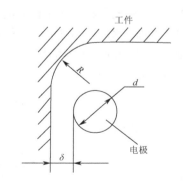

图 4-3　线电极直径与拐角的关系

但若上丝过松，由于电极丝具有延伸性，在切割较厚工件时，由于电极丝的跨距较大，除了它的振动幅度大以外，还会在加工过程中受放电压力的作用而弯曲变形，结果电极丝切割轨迹落后并偏离工件轮廓，从而造成形状与尺寸误差。所以，电极丝张力的大小，对运行时电极丝的振幅和加工稳定性有很大影响，故而在上丝时应采取张紧电极丝的措施。如在上丝过程中外加辅助张紧力，通常可逆转电动机，或上丝后再张紧一次（如采用张紧手持滑轮）。为了不降低电火花线切割的工艺指标，张紧力在电极丝抗拉强度允许范围内应尽可能大一点，张紧力的大小应视电极丝的材料与直径的不同而异，一般高速走丝线切割机床用的钼丝张力应在 5～10 N。

2. 工件准备

1）材料的选择

工件材料的选定和处理工件材料的方法是在图样设计时确定的。

对于模具加工，在加工前毛坯需经锻打和热处理。锻打后的材料在锻打方向与其垂直方向会有不同的残余应力，加工过程中残余应力的释放会使工件变形。这里采用淬火的热处理方法。淬火会使工件出现残余应力，加工过程中残余应力的释放会使工件变形。淬火不当的工件还会在加工过程中出现裂纹，另外，工件上的磁性和氧化锈斑也会对加工造成不利影响。

因此，加工之前应选择锻造性能好、淬透性好、热处理变形小的材料。以线切割为主要工艺的冷冲模具，应尽量选用 CrWMn、Cr12Mo、GCr15 等合金工具钢。

2）加工基准的选择

为了便于线切割加工，根据工件外形和加工要求，应准备相应的校正和加工基准，并且此基准应尽量与图样的设计基准一致。

（1）以外形为校正和加工的基准。外形是矩形的工件一般需要有两个相互垂直的基准面，并垂直于工件的上、下平面，如图 4-4 所示。

（2）以外形为校正基准，内孔为加工基准。无论是矩形、圆形还是其他异形的工件，都应准备一个与工件的上、下平面保持垂直的校正基准，此时其中一个内孔可作为加工基准，如图 4-5 所示。在大多数情况下，外形

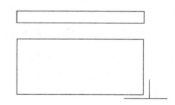

图 4-4　矩形工件的校正和加工基准

基面在线切割加工前的机械加工中就已准备好了。工件淬硬后，若基面变形很小，可稍加打光便可用线切割加工；若变形较大，则应当重新修磨基面。

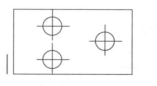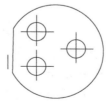

图 4-5　外形一侧边为校正基准内孔为加工基准

3）穿丝孔的确定

对于凸模类零件，为避免将坯件外形切断引起变形，通常在坯件内部外形附近预制穿丝孔。而对于凹模、孔类零件，则可将穿丝孔位置选在待切割型腔（孔）内部。当穿丝孔位置选在待切割型腔（孔）的边角时，切割过程中无用的轨迹最短；若穿丝孔位置选在已知坐标

尺寸的交点处，则有利于尺寸推算；切割孔类零件时，若将穿丝孔位置选在型孔中心，则可使编程操作容易。

穿丝孔大小要适宜，一般不宜太小。如果穿丝孔直径太小，不但钻孔难度增加，而且也不便于穿丝。但是，若穿丝孔直径太大，则会增加钳工工艺上的难度。一般穿丝孔直径为 3～10 mm。如果预制孔可用车削等方法加工，则穿丝孔直径可大一些。

3. 工作液准备

1）工作液的特性

在电火花线切割加工中，工作液是脉冲放电的介质，对加工工艺指标影响最大。高速走丝电火花线切割机床使用的工作液是专用的乳化液。目前市场上供应的乳化液，有的适用于精加工，有的适用于大厚度切割，也有的是在原来工作液中添加某些化学成分来提高某种特定的性能。工作液的特性归纳如下。

（1）绝缘性。火花放电必须在具有一定绝缘性能的液体介质中进行。普通自来水的绝缘性能较差，加入矿物油、皂化钾等物质制成乳化液后，绝缘性能提高，适合电火花线切割加工。煤油的绝缘性能较高，与乳化液相比，同样电压之下较难击穿放电，只有在特殊精加工时才采用。

工作液的绝缘性能提高可使击穿后的放电通道压缩，局限在较小的通道半径内火花放电，形成瞬时局部高温熔化、气化金属。放电结束后又迅速恢复放电间隙成为绝缘状态。

（2）洗涤性。洗涤性是指工作液渗透进入窄缝中吸附电蚀物和去除油污的能力。洗涤性能好的工作液，切割时排屑效果好，切割速度高，切割后表面光亮清洁，割缝中没有油污黏糊。而洗涤性能不好的工作液则相反。

（3）冷却性。在放电过程中，放电点局部的瞬时温度极高，尤其是大电流加工时表现更加突出。为防止电极丝烧断和工件表面局部退火，必须要求工作液具有较好的吸热、传热、散热性能。

（4）无污染性。工作液不应产生有害气体，不应对操作人员的皮肤、呼吸道产生刺激，不应锈蚀工件、夹具和机床。

此外，工作液还应配制方便、使用寿命长、乳化充分，冲制后油水不分离，长时间储存也不应有沉淀或变质现象。

2）工作液的配制与使用

一般情况下可将一定比例的自来水（某些工作液要求用蒸馏水）冲入乳化油，搅拌后使工作液充分乳化成均匀的乳白色。天冷时可先用少量开水冲入拌匀，再加冷水搅拌。

根据不同的加工工艺指标，工作液的配制比例一般在 5%～20%范围内（乳化油 5%～20%，水 80%～95%）。

对加工表面粗糙度和精度要求比较高的工件，浓度比可适当大些，约 10%～20%。以使加工表面洁白均匀；对要求切割速度高或厚度大的工件，浓度可适当小些，约 5%～8%，以使加工状态稳定，不易断丝；对材料为 Crl2 的工件，工作液用蒸馏水配制，浓度稍小些，以减少工件表面的黑白交叉条纹，使工件表面洁白均匀。

新配制的工作液，若加工电流为 2 A，其切割速度约为 40 mm^2/min。若每天工作 8 h，使用两三天后效果最好。继续使用八九天后就容易断丝，这时就应更换新的工作液。

 思考与练习

通过查阅机床说明书，配制自己学校线切割机床的工作液。

什么是工件的装夹

工作的装夹是指将加工的零件固定在工作台的过程。

任务2　工件的装夹

 任务描述

用线切割机床加工加工如图 4-1 所示的工件，已知毛坯的尺寸选为长 90×宽 60×厚 10 mm，试问采用什么方法装夹？

 学习目标

通过理论联系实习，掌握线切割加工工件的装夹方法。

 任务分析

线切割加工属于较精密加工，工作的装夹对加工零件的定位精度有直接影响，特别是在模具制造等加工中，需要认真仔细地装夹工件。

线切割加工的工件在装夹中需要注意如下几点：

（1）工件的定位面要有良好的精度，一般以磨削加工过的面定位为好，棱边倒钝，孔口倒角。

（2）切入点要导电，热处理件切入处要去除残物及氧化皮。

（3）热处理件要充分回火去应力，平磨件要充分退磁。

（4）工件装夹的位置应利于工件找正，并应与机床的行程相适应，夹紧螺钉高度要合适，避免干涉到加工过程，上导轮要压得较低。

（5）对工件的夹紧力要均匀，不得使工件变形和翘起。

（6）批量生产时，最好采用专用夹具，以利于提高生产率。

（7）加工精度要求较高时，工件装夹后，必须通过百分表来校正工件，使工件平行于机床坐标轴，垂直于工作台，如图 4-6 所示。

（8）工件较厚时，可加上如图 4-7 所示的电缆。

在实际线切割加工中，常见的工件装夹方法有以下几种。

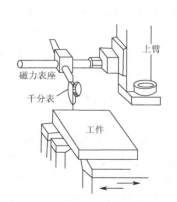

图 4-6　线切割加工找正

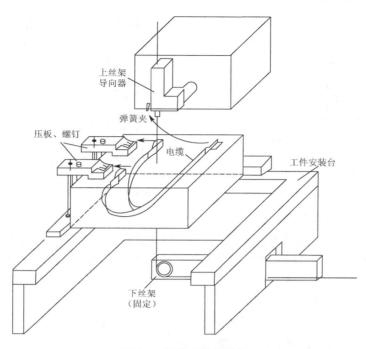

图 4-7　较厚工件的装夹

（1）悬臂支撑方式装夹。

工件直接装夹在台面上或桥式夹具的一个刃口上，如图 4-8 所示的悬臂式支撑通用性强，装夹方便，但容易出现上仰或倾斜，一般只在工件精度要求不高的情况下使用。如果由于加工部位所限只能采用此装夹方法而加工又有垂直度要求时，要拉表找正工件上表面。

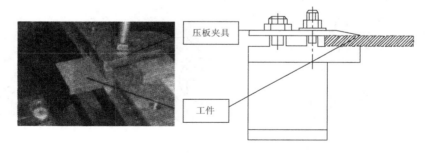

图 4-8　悬臂支撑方式装夹

（2）垂直刃口支撑方式装夹。

如图 4-9 所示，工件装在具有垂直刃口的夹具上，此种方法装夹后工件也能悬伸出一角便于加工。装夹精度和稳定性较悬伸式为好，也便于拉表找正，装夹时注意夹紧点对准刃口。

（3）桥式支撑方式装夹。

如图 4-10 所示，此种装夹方式是快走线切割最常用的装夹方法，适用于装夹各类工件，特别是方形工件，装夹后稳定。只要工件上、下表面平行，装夹力均匀，工件表面即能保证与台面平行。桥的侧面也可作定位面使用，拉表找正桥的侧面与工作台 X 方向平行，工件如果有较好的定位侧面，与桥的侧面靠紧即可保证工件与 X 方向平行。

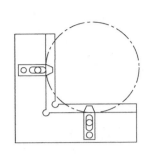 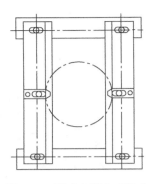

图 4-9　垂直刃口支撑方式装夹　　　图 4-10　桥式支撑方式装夹

（4）板式支撑方式装夹。

如图 4-11 所示，加工某些外周边已无装夹余量或装夹余量很小、中间有孔的零件，可在底面加一托板，用胶粘固或螺栓压紧，使工件与托板连成一体，且保证导电良好，加工时连托板一块切割。

（5）采用弱磁性夹具装夹工件。

弱磁性夹具装夹工件迅速简便，通用性强，应用范围广，对于加工成批的工件尤其有效。磁性表座夹持工件，主要适用于夹持钢质工件。图 4-12 为一种磁性夹具，在未装夹工件时如图 4-12（a）所示。磁力线通过磁靴的左右两个部分闭合，对外不显磁性，当把永久磁铁旋转 90°至图 4-12（b）所示时，磁力线被磁靴的铜焊层隔开，没有闭合的通道，对外显示磁性。固定工件时，工件与磁靴形成闭合的磁宠线回路，于是工件就被磁性夹具夹紧。当工件加工完毕后，将永久磁铁旋转 90°，夹具对外不显磁性，工件便可很快取下。对于这类夹具在使用时要注意保护基准面，避免划伤或拉毛。

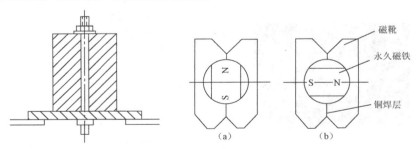

图 4-11　板式支撑方式装夹　　　图 4-12　磁性夹具

（6）分度夹具装夹。

① 轴向安装的分度夹具：如小孔机上弹簧夹头的切割，要求沿轴向切两个垂直的窄槽，即可采用专用的轴向安装的分度夹具，如图 4-13 所示。分度夹具安装于工作台上，三爪内装一检棒，拉表跟工作台的 X 或 Y 方向找平行，工件安装于三爪上，旋转找正外圆和端面。找中心后切完第一个槽，旋转分度夹具旋钮，转动 90°，切另一槽。

② 端面安装的分度夹具：如加工中心上链轮的切割，其外圆尺寸已超过工作台行程，不能一次装夹切割即可采用分齿加工的方法。如图 4-14 所示，工件安装在分度夹具的端面上，通过心轴定位在夹具的锥孔中，一次加工 2～3 齿，通过连续分度完成一个零件的加工。

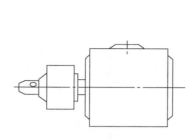
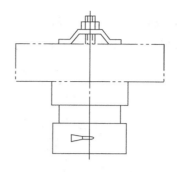

图 4-13　轴向安装的分度夹具　　图 4-14　端面安装的分度夹具

完成任务/操作步骤

完成任务

根据材料的大小和工件余量的大小，可以采用悬臂支撑方式装夹。

知识链接

找正工件

　　工件在机床上有了正确的定位后，接下来就要对工件进行预夹紧。在此过程中，夹紧力不能太大，否则工件位置就不能调整，但夹紧力也不能太小，否则调整过程中位置不稳定，也不能调整到正确位置。因此，对工件的预夹紧是非常重要的。一般认为，工件通过预夹紧后，用手轻轻推动工件，工件不能移动，而用铜棒或尼龙棒等轻轻敲打时能发生较小的位移。工件通过预夹紧后就可以对其位置进行找正，常用的方法有如下几种。

　　1）拉表法

　　图 4-15 为用百分表找正法，俗称拉表法。这种方法常用于凹模加工中，当线切割加工的型腔与工件的基准有较高的位置精度要求时，可以采用拉表法来找正工件的位置。拉表法就是先将百分表固定在磁性表座上，然后利用磁力将表座固定在上丝架上，移动 Z 轴使百分表的表头与工件的上表面相接触，试着移动 X、Y 坐标方向的工作台，按百分表上指针的变化调整工件位置，直至百分表上指针的偏摆范围达到所要求的精度。这只是对工件的上表面进行找正，如果将普通的百分表换成杠杆百分表，同样还可以对工件的侧面进行找正。

　　2）划线法

　　当线切割加工的轮廓与工件的基准无精度要求或精度要求较低时，可以采用划线的方法，即称划线法，如图 4-16 所示。将划针座固定在上丝架上，把划针指向工件的基准或基准面，调整坐标轴使划针与工件基准间有较小的距离，试着移动坐标轴，根据目测对工件进行找正。利用划针不仅可以对上表面进行找正，还可以对工件的侧面进行找正。

　　3）电极丝找正法

　　当线切割加工的轮廓与工件的基准无精度要求或精度要求较低时，还可以利用电极丝对工件的侧面进行找正。工件通过预夹紧后，将电极丝移到靠近基准侧面处，使电极丝与工件侧面间留有微小距离，沿基准方向移动工作台，根据目测调整工件位置。这种方法常用于厚度较小的板料切割。

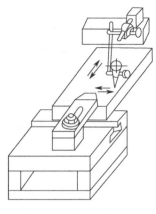 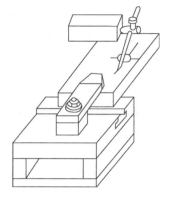

图 4-15　百分表找正　　　　　　图 4-16　划线找正

4）固定基面找正法

利用通用或专用夹具的基准面，在夹具安装时按其基准对夹具进行找正，在安装具有相同加工基准面的工件时，可以直接利用夹具的基准面来定位找正，即固定基面找正法。这种找正方法的找正效率高，适合多件加工，其找正精度比拉表法低，但比划线法高。

5）量块找正法

用一个具有确定角度的测量块靠在工件和夹具上，观察量块与工件和夹具的接触缝隙，这种检测工件是否找正的方法称为量块法。根据实际需要，量块的测量角度可以是直角，也可以是其他角度。使用这种方法之前必须保证夹具是找正的。

工件找正后需要对工件进一步夹紧。对于型腔和精度要求较高的工件，在工件夹紧后，通常还需要对工件的位置再进行校验；而对于精度要求低的工件，就不需要再校验了。

 思考与练习

在线切割加工中，常见的工件装夹方法有哪几种？

什么是加工参数

在线切割加工中，电流、脉宽、脉间、速度等数据称为加工参数。

任务3　线切割加工参数实训

 任务描述

认识电参数对加工的影响。

分析修改电参数方式对零件加工有何影响，并填写在表 4-2 中。

表 4-2　修改电参数方式对加工的影响

修改电参数方式	对加工的影响
增大峰值电流	
增大脉冲宽度	
增大脉冲间隔	
增大进给速度	

 学习目标

通过理论联系实习，掌握线切割加工参数的调整。

 任务分析

1. 电参数对加工的影响

（1）峰值电流。峰值电流是指放电电流的最大值。它对提高切割速度最为有效。增大峰值电流，单个脉冲的能量增大，切割速度（单位时间内电极丝中心线在工件上切过的面积的总和，单位为 mm²/min）提高，电极丝损耗增大，且表面粗糙度差，加工精度有所下降。因此，第一次切割加工及加工较厚工件时取较大的放电峰值电流。

放电峰值电流不能无限制增大，当其达到一定临界值后，若再继续增大峰值电流，则加工的稳定性变差，加工速度明显下降，甚至断丝。

（2）脉冲宽度 T_i（单位为μs）。脉冲宽度是指脉冲电流的持续时间。脉冲宽度的大小标志着单个脉冲的能量强弱，它对加工效率、表面粗糙度和加工稳定性的影响最大。因此，在选择电参数时，脉冲宽度是首选。

在其他加工条件相同的情况下，切割速度随着脉冲宽度的增加而加快，但脉冲宽度达到一定高度时，电蚀物来不及排除，会使加工不稳定，表面粗糙度变差。对于不同的工件材料和工件厚度，应合理选择适宜的脉宽。工件越厚，脉宽应相应地增大，为保证一定的表面粗糙度，一般以机床进给速度均匀和不短路为宜。

粗加工时，脉冲宽度可在 20～60 μs 内选择；精加工时，脉冲宽度可在 20 μs 内选择。

（3）脉冲间隔 T_o（单位为μs）。其他参数不变，缩短相邻两个脉冲之间的脉冲间隔时间，即提高脉冲频率，增加电蚀次数，切割速度加快。但是，当脉冲间隔减小到一定程度后，电蚀物来不及排除，形成短路，造成加工不稳定。因此，加大脉冲间隔，有利于工件排屑，使加工稳定性好，不易短路和断丝。切割厚工件时，选用大的脉冲间隔，有利于排屑，使加工稳定。一般脉冲间隔选择在 10～250 μs。

（4）进给速度 v_i（单位：mm/min）。

进给速度太快，容易产生短路和断丝，加工不稳定，反而使切割速度降低，加工表面发焦呈褐色；进给速度太慢，会产生二次放电，使脉冲利用率过低，切割速度降低，工件表面的质量受到影响；进给速度适当，加工稳定，切割速度高，可得到很好的表面粗糙度和加工精度。

综上所述：由于切割速度和工件的表面粗糙度是互相矛盾的两个工艺指标，所以，必须在满足工件的切割精度和表面粗糙度的前提下，提高切割速度，即选择合理的电参数。

 完成任务/操作步骤

完成任务

填写表 4-2 中的栏目，完成任务的结果如表 4-3 所示。

表 4-3　修改电参数方式对加工的影响

修改电参数方式	对加工的影响
增大峰值电流	切割速度提高，但表面粗糙度差，电极丝的损耗也随之变大，容易造成断丝
增大脉冲宽度	切割速度提高，但表面粗糙度差，易造成断丝
增大脉冲间隔	加工稳定性好，不易短路和断丝
增大进给速度	易产生短路和断丝，加工不稳定

 工艺技巧/操作技巧

经验介绍

对于 40 mm 厚度以下的钢，一般参数怎么设置都能切割，脉宽大了，电流大切割就能快一些，反之就会慢一些，而光洁度好一点，这是典型的反向互动特性。

对于 40～100 mm 厚度的钢，就一定有大于 20 μs 的脉宽和大于 6 倍脉宽的间隔，峰值电流也一定要达到 12 A 以上，这是为保证有足够的单个脉冲能量和足够的排除电蚀物的间隔时间。

对于 100～200 mm 厚度的钢，就一定有大于 40 μs 的脉宽和大于 10 倍脉宽的间隔，峰值电流应维持在 20 A 以上，此时保证足够的火花爆炸力和蚀除物排出的能力已是至关重要的了。

对于 200 mm 以上厚度的钢，属于大厚度钢切割范围，在该范围内，除丝速、水的介电系数等必备条件外，最重要的条件是让单个脉冲能量达到 0.15（V·A·s），也就是 100 V、25 A、60 μs（或 100 V、30 A、50 μs；125 V、30 A、40 μs；125 V、40 A、30 μs）。为了不使丝的载流量过大，12 倍以上的脉冲间隔已是必备条件了。

 思考与练习

在电火花线切割加工过程中，如果经常断丝应如何修改放电参数？

什么是上丝操作

上丝操作是将电极丝从丝盘绕到高速走丝线切割机床储丝筒上的过程。

任务4　线切割机床上丝操作实训

任务描述
现有苏三光 DK7740 型线切割机床一台,直径 0.18 mm 的钼丝一卷,请按要求装好电极丝。

学习目标
通过理论联系实习,掌握线切割机床上丝操作。

任务分析

1. 上丝操作

上丝就是安装电极丝,这是电火花线切割加工最基础的操作,不同的机床操作可能略有不同,必须熟练掌握。上丝操作可以自动或者手动进行,上丝路径如图 4-17 所示,电极丝绕至储丝筒上后如图 4-17 所示。

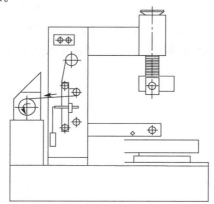

图 4-17　上丝路径

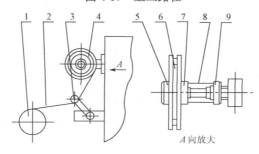

1—储丝筒;2—钼丝;3—排丝轮;4—上丝架;5—螺母;6—钼丝盘;7—挡圈;8—弹簧;9—调节螺母

图 4-18　上丝示意图

2. 穿丝操作

穿丝就是把电极丝依次穿过丝架上的各个导轮、导电块、工件穿丝孔，做好走丝准备。

3. 走丝行程调节及紧丝

上丝及穿丝完毕后，要根据储丝筒上电极丝的长度和位置来确定储丝筒的行程，并调整电极丝的松紧。

新装上去的电极丝往往要经过几次紧丝操作才能投入使用，所以，最后还要进行紧丝操作。

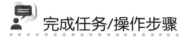 **完成任务/操作步骤**

完成任务

1. 上丝

在主菜单下按【F5 人工】→再按【F1 上丝】，如图 4-19 所示（此时，丝筒边的【上丝】按钮就开放了）→将丝筒罩壳保护开关拨到 OFF 状态，打开丝筒罩壳，装上排丝架，按上丝按钮，将丝筒开到机床左侧，再按【上丝】按钮则丝筒停。将丝筒左右挡块移开，按右侧限位开关，把丝盘装在床身内的紧丝装置上。将紧丝装置上的钼丝通过排丝轮系在丝筒右侧螺钉上，绕几圈再按【上丝】按钮机床自动上丝，当钼丝在丝筒上达到所需宽度时再按【上丝】按钮则上丝结束。将钼丝经过下、上导轮和后排丝轮（断丝保护装置）系在另外一个螺钉上，将多余的钼丝剪断，再将钼丝放在两根红宝石挡丝棒中间即可。

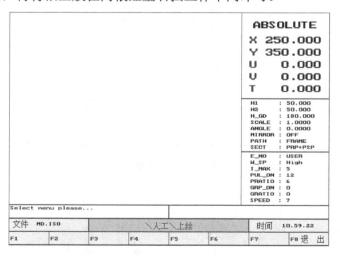

图 4-19　人工上丝界面

图 4-20 所示为 DK7740 走丝状态。其中，排丝轮-A 为上丝状态；排丝轮-B、排丝轮-C 为紧丝状态。

2. 调整储丝筒行程

（1）用摇把将储丝筒摇向一端，至电极丝在该端缠绕宽度在轴向上剩 8 mm 左右的位置停止。

（2）松开相应的限位块上的紧固螺钉，移动限位块，当限位块上的换向行程撞钉移至接近行程开关的中心位置后固定限位块。

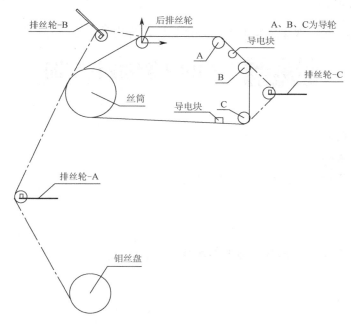

图 4-21　DK7740 走丝状态

（3）用同样的方法调整另一端，两行程挡块之间的距离即为储丝筒的行程。储丝筒拖板将在这个范围内来回移动。

（4）经过以上调整后，可以开启自动走丝，观察走丝过程，再做进一步细调。为防止机械性断丝，储丝筒在换向时，两端还应留有一定的储丝余量。

3. 紧丝（在上丝状态下）

（1）开启自动走丝，储丝筒自动往返运行。

（2）待储丝筒上的丝走到左边，刚好反转时，手持紧丝轮靠在电极丝上，加适当张力（储丝筒旋转时，电极丝必须是"放出"的方向，才能把紧丝轮靠在电极丝上），如图 4-21 所示。

（3）在自动走丝过程中，如果电极丝不紧，丝就会被拉长。待储丝筒上的丝从一端走到另一端，刚好转向时，立即按下【停止】按钮，停止走丝。手动旋转储丝筒，把剩余部分的电极丝走到尽头，取下丝头，收紧后装回储丝筒的螺钉上，剪掉多余的丝头，再反转几圈。

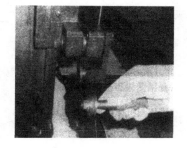

图 4-21　紧丝

（4）反复几次，直到电极丝运行平稳，松紧适度。

 思考与练习

1. 仔细观察机床走丝机构，说说其工作过程及特点。

2. 通过上丝操作实践，说说上丝时需要注意哪些问题？

什么是穿丝操作

穿丝就是把电极丝依次穿过丝架上的各个导轮、导电块、工件穿丝孔，做好走丝准备。

任务5　线切割穿丝操作实训

 任务描述

动手完成穿丝操作。

如何进行穿丝操作？自己动手完成穿丝操作。

 学习目标

通过理论联系实习，掌握线切割穿丝操作。

 任务分析

 完成任务/操作步骤

完成任务

（1）用摇把转动储丝筒，使储丝筒上的电极丝一端与储丝筒对齐。

（2）取下储丝筒相应端的丝头，再按下述方法进行穿丝：

如果取下的是靠近摇把一端的丝头，则从下丝臂穿到上丝臂，如图 4-22 所示；

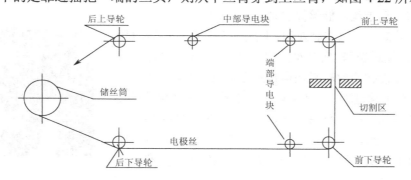

图 4-22　穿丝示意图

如果取下的是靠近储丝电机一端的丝头，则从上丝臂穿到下丝臂。

（3）将电极丝从丝架各导轮及导电块穿过后，把丝头固定在储丝筒紧固螺钉处，剪掉多余丝头，用摇把将储丝筒反摇几圈。至此穿丝结束，如图 4-23 所示。

图 4-23　穿好丝的储丝筒

 工艺技巧/操作技巧

注意事项如下：

（1）穿丝时，要将电极丝装入导轮的槽内，并与导电块良好接触，以防止电极丝滑入导轮或导电块旁边的缝隙里。

（2）操作过程中要沿绕丝方向拉紧电极丝，避免电极丝松脱造成乱丝。上丝结束时，一定要沿绕丝方向拉紧电极丝后再关断上丝电机，避免电极丝松脱造成乱丝。

（3）摇把使用后必须立即取下，以免误操作使得摇把甩出，造成人身伤害或设备损坏。

（4）上丝和穿丝操作中储丝筒上、下边的丝不能交叉。

 思考与练习

通过穿丝操作实践，说说穿丝时需要注意哪些问题？

什么是电极丝垂直度

电极丝垂直度是指电极丝对工作台平面的垂直度。

任务6　线切割电极丝垂直度调整实训

 任务描述

在数控电火花线切割加工过程中，电极丝作为加工工具，其垂直度将直接影响工件的垂直度，因此，对电极丝进行校正是非常重要的。试利用火花法校正电极丝的垂直度。

 学习目标

通过理论联系实习，掌握电极丝垂直度的调整。

 任务分析

为了准确地切割出符合精度要求的工件，电极丝必须垂直于工件的装夹基面或工作台定

位面，否则加工出的工件会产生锥度。为了认识这个问题，先来了解一下线切割机床 U、V 轴的知识。

1. U 轴和 V 轴

U 轴和 V 轴位于上丝臂前端，轴上连接有小型步进电机和手动调节旋钮，如图 4-24 示。U 轴和 V 轴能控制小拖板移动，从而控制电极丝上端的位移。在校丝时，可以通过手动调节旋钮来调节电极丝的垂直度；自动加工时，通过数控系统驱动步进电机，使电极丝向某个方向倾斜，从而加工出带锥度或斜面的零件。

2. 电极丝的找正方法

在进行精密零件加工或切割锥度时，要校正电极丝对工作台平面的垂直度。电极丝垂直度找正的常见方法有两种，一种是利用找正块，一种是利用校正器。

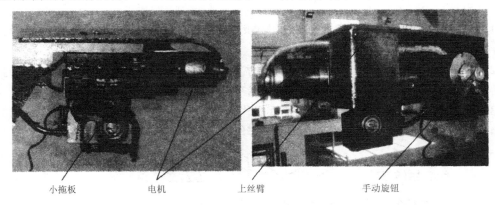

小拖板　　　　电机　　　　　上丝臂　　　　　手动旋钮

图 4-24　U 轴和 V 轴的小拖板

1）利用找正块进行火花法找正

找正块是一个六方体或类似六方体，有些是一个圆柱体。在校正电极丝垂直度时，首先目测电极丝的垂直度，若明显不垂直，则调节 U、V 轴，使电极丝大致垂直于工作台；然后将找正块放在工作台上，在弱加工条件下，将电极丝沿 X 方向缓缓移向找正块。

当电极丝快碰到找正块时，电极丝与找正块之间产生火花放电，然后肉眼观察产生的火花：若火花如图 4-25（b）所示上下均匀，则表明在该方向上电极丝垂直度良好；若如图 4-25（c）所示下面火花多，则说明电极丝右倾，应将 U 轴的值调小，直至火花上下均匀；若如图 4-25（d）所示上面火花多，则说明电极丝左倾，应将 U 轴的值调大，直至火花上下均匀。同理，调节 V 轴的值，使电极丝在 V 轴的垂直度良好。

在用火花法校正电极丝的垂直度时，需要注意以下几点。

（1）找正块使用一次后，其表面会留下细小的放电痕迹。下次找正时，要重新换位置，不可用有放电痕迹的位置碰火花校正电极丝的垂直度。

（2）在精密零件加工前，分别校正 U、V 轴的垂直度后，需要再检验电极丝垂直度校正的效果。具体方法是，重新分别从 U、V 轴方向碰火花，看火花是否均匀，若 U、V 方向上火花均匀，则说明电极丝垂直度较好；若 U、V 方向上火花不均匀，则应重新校正，再检验。

（3）在校正电极丝垂直度之前，电极丝应张紧，张力与加工中使用的张力相同。

（4）在用火花法校正电极丝垂直度时，电极丝要运转，以免电极丝断丝。

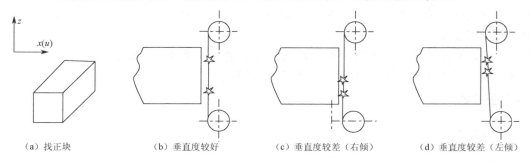

图 4-25　用火花法校正电击丝的垂直度

2）利用校正器进行找正

校正器是一个由触点与指示灯构成的光电校正装置，电极丝与触点接触时指示灯亮。它的灵敏度较高，使用方便且直观。底座用耐磨不变形的大理石或花岗岩制成，如图 4-26、图 4-27 所示。

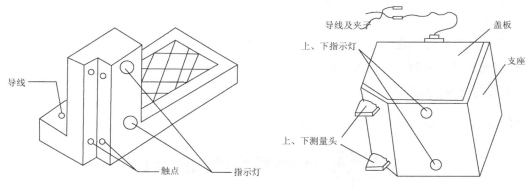

图 4-26　垂直度校正器　　　　　　　　图 4-27　DF55-J50A 型垂直度校正器

使用校正器校正电极丝垂直度的方法与火花法大致相似，主要区别是，火花法是观察火花上下是否均匀，而使用校正器则是观察指示灯。若在校正过程中，指示灯同时亮，则说明电极丝垂直度良好，否则需要校正。

在使用校正器校正电极丝的垂直度时，要注意以下几点：

（1）电极丝停止走丝，不能放电；

（2）电极丝应张紧，电极丝的表面应干净；

（3）若加工零件精度高，则电极丝垂直度在校正后需要检查，其方法与火花法类似。

完成任务/操作步骤

（1）擦净工作台面和校正器各表面，选择校正器上的两个垂直于底面的相邻侧面作为基准面，选定位置将两侧面沿 X、Y 坐标轴方向平行放好。

（2）选择机床的微弱放电功能，使电极丝与校正器间被加上脉冲电压，运行电极丝。

（3）移动 X 轴使电极丝接近校正器的一个侧面，至有轻微放电火花。

（4）目测电极丝和校正器侧面可接触长度上放电火花的均匀程度，如出现上端或下端中只有一端有火花，说明该端离校正器侧面距离近，而另一端离校正器侧面远，电极丝不平行于该侧面，需要校正。

（5）通过移动 U 轴，直到上下火花均匀一致，电极丝相对 X 坐标垂直。

（6）用同样方法调整电极丝相对 Y 坐标的垂直度。

完成任务

对电极丝利用找正块进行火花法找正。

工艺技巧/操作技巧

首先，在工作台上选择一个平面擦拭干净，并在找正棒上选择一个比较光滑的表面对着工件，将找正棒擦拭干净后放在工作台上；其次，打开冷却液电机和运丝电机使电极丝运转；最后，采用手摇的方式使电极丝慢慢靠近工件，先快后慢，当它们之间产生电火花时，可根据火花位置判断电极丝的垂直与否。

思考与练习

说说电极丝是如何垂直校正的？

什么是电极丝定位

线切割加工前确定电极丝的起始位置称为电极丝定位。

任务7 电极丝定位操作实训

任务描述

电极丝穿好后还要对其进行定位。试动手对一电极丝进行可靠定位。

学习目标

通过理论联系实习，掌握电极丝定位操作。

任务分析

装夹好工件，穿好电极丝之后，还不能进行加工。在加工零件之前，就像数控车床要对刀一样，线切割还必须进行电极丝的定位。对丝的目的是确定电极丝与工件的相对位置，最终把电极丝放在加工起点上，这个点称为起丝点。对丝操作时，可以在启动走丝的情况下进行操作。

1. 对边

对边又称找边，就是让电极丝刚好停靠在工件的一个边上，如图 4-28 所示。找边操作既可以手动，也可以利用控制器自动找边。

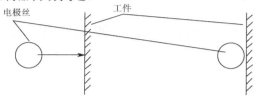

图 4-28　找边

1）手动找边操作

如图 4-29 所示，将脉冲电源电压调到最小挡，即电流调小，使电极丝与工件接触时只产生微弱的放电。开启走丝，打开高频。根据找边的方向，摇动相应手轮，使电极丝靠近工件端面，即靠近要找的边。电极丝离工件远时可摇快一点，快靠近时要减速慢慢摇动，直到刚好产生电火花，停止摇动手轮，找边结束。注意：这时电极丝的"中心"与工件的"边线"差一个电极丝半径的距离。

手动找边是利用电极丝接触工件产生电火花来进行判断的。这种方法存在两个缺点：一是手动操作存在很多人为因素，误差较大；二是电火花会烧伤工件端面。克服这两个缺点的办法就是采用自动找边。

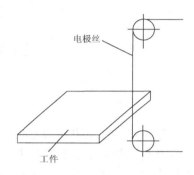

图 4-29　火花法调整电极丝位置

2）自动找边操作（以苏三光 DK7740 为例）

自动找边是利用电极丝与工件接触短路时的检测功能进行判断。

如图 4-30 所示，在【F5 人工】菜单下按【F6 对边】进入的操作界面，可以选择 X、Y 轴的四个方向（+X、-X、+Y、-Y）任一方向进行边缘找正。边缘找正的开始时，钼丝沿指定的方向高速接近工件直至接触，然后回退，降低移动速度直至接触，找正完成。按【F8 退出】键返回上一级菜单。

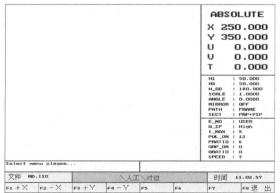

图 4-30　苏三光 DK7740 对边界面

通过找边操作，就能确定电极丝与工件一个端面的位置关系；如果在 X、Y 两个方向上进行找边操作，就能确定电极丝与工件的位置关系，也就能把电极丝移到起丝点，从而完成对丝。

3）起丝点在端面的对丝

假设起丝点在工件的端面，起丝点与另一边的距离为 15 mm，如图 4-31（a）所示，其操作步骤如下。

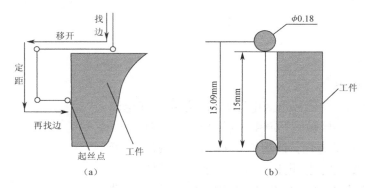

图 4-31　起丝点在端面的对丝

第 1 步　在上方找边。找到边后，松开 Y 轴手轮上的锁紧螺钉，保持手轮手柄不动，转动刻度盘，使刻度 0 对准基准线，锁紧刻度盘，这时刻度盘就从 0 刻度值开始计数。这步操作称为对零。这与普通车床对刀时的对零类似。

第 2 步　摇动 X 轴手轮使电极丝离开工件。

第 3 步　摇动 Y 轴手轮。这一步要使电极丝位置满足 15 mm 的距离。由于电极丝有一定的半径，所以，必须考虑电极丝的半径补偿。首先用千分尺测量电极丝的直径，然后再计算半径。假设电极丝半径为 0.09 mm，那么实际要摇 15.09 mm，即多摇一个电极丝半径的距离，如图 4-31（b）所示。

提示：手轮摇一小格是 0.01 mm，一圈是 4 mm，据此即可以计算出 Y 轴手轮应往起丝点方向摇 3 圈加 309 小格，就可以达到预定的位置。

第 4 步　用 X 轴拖板向起丝点找边定位，到达起丝点，完成对丝操作。

提示：数控线切割机床也可以通过电脑显示屏的坐标来控制移动的距离。

2．定中心操作

定中心操作又称为对中。对于有穿丝孔的工件，常把起丝点设在圆孔的中心，孔加工时，必须把电极丝移到孔的圆心处，这就是定中心。

对于加工要求较低的工件，在确定电极丝与工件基准间的相对位置时，可以直接利用目测或借助 2～8 倍的放大镜来进行观察。图 4-32 所示为利用穿丝处划出的十字基准线，分别沿划线方向观察电极丝与基准线的相对位置，根据两者的偏离情况移动工作台，当电极丝中心分别与纵、横方向的基准线重合时，工作台纵、横方向上的读数就确定了电极丝中心的位置。

定中心是通过四次找边操作来完成的，如图 4-33 所示。

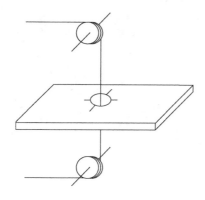

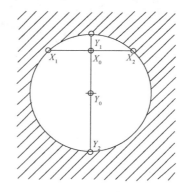

图 4-32　目测法调整电极丝位置　　　　图 4-33　自动定中心

手动操作时，首先让电极丝在 X 轴（或 Y 轴）方向与孔壁接触，找第一个边，记下手轮刻度值；然后返回，向相反方向的对面孔壁接触，找到第二个边，观察手轮刻度值，计算距离。再返回到两壁距离一半的位置，接着在另一轴方向上进行上述操作，电极丝就可到达孔的中心。上述过程可归纳为"左右碰壁回一半，前后碰壁退一半"。

另外，对于有些数控功能较强的线切割机床常采用自动找中心的办法。自动找中心，就是让电极丝在工件孔的中心自动定位。此法是根据电极丝与工件的短路信号，来确定电极丝的中心位置。

定中心通常使用数控系统"自动定中心"的功能来完成。以苏三光 DK7740 为例：在【F5 人工】菜单下按【F7 定中心】键进行定中心操作，再选择【F1 XY】键（先定 X 轴方向的中心，再找 Y 轴方向的中心）或【F2 YX】（先定 Y 轴方向的中心，再找 X 轴方向的中心），定完后再按【F8】键返回上一级菜单。

完成了对丝后，电极丝也就位于起丝点上了，如果其他工作也准备就绪，调好加工参数，打开走丝机构和工作液泵，就可以启动机床开始加工了。

 完成任务/操作步骤

完成任务

（1）电极丝对工件手动找边操作好和自动找边操作。
（2）电极丝对工件手动找中心操作好和自动找中心操作。

 工艺技巧/操作技巧

注意：在孔内穿丝，电极丝要移到孔的中心附近。（电极丝不要和工件接触）

 思考与练习

小组讨论在对边及对中心时，应该有哪些注意事项？

第三篇　模具电火花线切割加工实例

模块五 实 训

如何学习

本模块内容是一些常见的模具电火花线切割加工工艺基础，主要以掌握动手能力为认知标准。

什么是凸模加工

我们把只要加工外形的加工称为凸模加工。

任务1 凸 模 加 工

 **任务描述**

用 3B 代码编制加工如图 5-1 所示零件的凸模的线切割加工程序，并用方圆数控 DK7732 电火花线切割机床加工该零件。线切割加工用的电极丝直径为 $\phi 0.18$ mm，单边放电间隙为 0.01 mm。

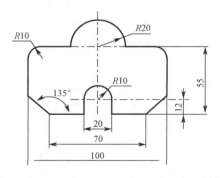

图 5-1 凸模加工零件的形状

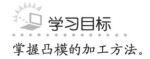 **学习目标**

掌握凸模的加工方法。

任务分析

（1）根据凸模加工零件的形状和材料的形状，零件的装夹采用悬臂式装夹，加工路线如图 5-2 所示。

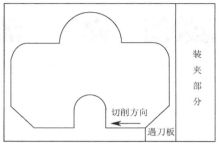

图 5-2　加工路线

（2）3B 代码加工程序如下：

N1	B0	B2000	B2000	GY L2
N2	B25000	B0	B25000	GX L3
N3	B0	B12000	B12000	GY L2
N4	B10000	B0	B20000	GX NR1
N5	B0	B12000	B12000	GY L4
N6	B25000	B0	B25000	GX L3
N7	B15000	B15000	B15000	GX L2
N8	B0	B30000	B30000	GY L2
N9	B10000	B0	B10000	GX SR2
N10	B20000	B0	B20000	GX L1
N11	B20000	B0	B40000	GY SR2
N12	B20000	B0	B20000	GX L1
N13	B0	B10000	B10000	GY SR1
N14	B0	B30000	B30000	GY L4
N15	B15000	B15000	B15000	GY L3
N16	B0	B2000	B2000	GY L4
DD				

（3）补偿量的大小 δ=钼丝的半径+单边放电间隙=0.09+0.01=0.1 mm。

（4）补偿的方向按 C98 系列单片机线切割控制器的定义确定为负补偿。

 完成任务/操作步骤

完成任务

以方圆数控 DK7732 电火花线切割机床为例加工凸模。该机床采用 C98 系列单片机线切割控制器，线切割加工操作步骤如下。

第 1 步　启动机床电源，输入加工程序，检查和快速校零，检查程序是否正确。

第 2 步　检查机床各部分是否有异常，如高频电源、水泵、储丝筒等的运行情况。

第 3 步　上丝、穿丝、校垂直。

第 4 步　装夹工件，找正。

第 5 步　对丝，确定切割起始位置。

第 6 步　启动走丝，开启工作液泵，调节喷嘴流量。

第 7 步　调整加工参数和设置补偿。加工参数有脉冲间隔、脉冲宽度、高频功率、进给速度等；补偿设置：【待命】键→【上档】键→【设置】键→【补偿】键→【GY】键→输入100→【补偿】键。

第 8 步　运行加工程序，【待命】键→输入加工程序起始段号→【执行】键→【执行】键，开始加工。

第 9 步　监控加工过程，如走丝、放电、工作液循环等是否正常。

第 10 步　检查零件是否符合要求，如出现差错，应及时处理，避免加工零件报废。

 工艺技巧/操作技巧

1. 短路处理

1）排屑不良引起的短路

短路回退太长会引起停机，若不排除短路则无法继续加工。可原地运丝，并向切缝处滴些煤油清洗切缝，即可排除一般短路。但应注意重新启动后，可能会出现不放电进给，这与煤油在工件切割部分形成绝缘膜，改变了间隙状态有关，此时应立即增大间隙电压（SV）值，等放电正常后再改回正常切割参数。

2）工件应力变形夹丝

热处理变形大或薄件叠加切割时会出现夹丝现象，对热处理变形大的工件，在加工后期快切断前变形会反映出来，此时应提前在切缝中穿入电极丝或与切缝厚度一致的塞尺以防夹丝。

薄板叠加切割，应先用螺钉连接紧固，或装夹时多压几点，压紧压平，以防止加工中夹丝。

2. 多次切割工艺

线切割多次切割工艺与机械制造工艺一样，先粗加工，后精加工，先采用较大的电流和补偿量进行粗加工，然后逐步用小电流和小补偿量一步一步精修，从而达到高精度和低粗糙度。目前，低速走丝线切割加工普遍采用了多次切割加工工艺，高速走丝多次切割工艺正在实验之中。例如，加工凸模（或柱状零件）如图 5-3（a）所示，在第一次切割完成时，凸模就与工件毛坯本体分离，第二次切割将切割不到凸模。所以在切割凸模时，大多采用如图 5-3（b）所示的方法。

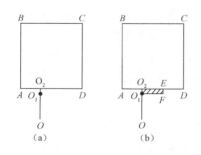

图 5-3　凸模多次切割

如图 5-3（b）所示，第一次切割的路径为 $O \to O_1 \to O_2 \to A \to B \to C \to D \to E \to F$，第二次切割的路径为 $F \to E \to D \to C \to B \to A \to O_1 \to O_2$，第三次切割的路径为 $O \to O_1 \to O_2 \to A \to B \to C \to D \to E \to F$。这样，当 $O_2 \to A \to B \to C \to D \to E$ 部分加工好，O_2E 段作为支撑尚未与工件毛坯分离。O_2E 段的长度一般为 AD 段的 1/3 左右，太短了则支撑力可能不够，在实际中采用的处理最后支撑段的工艺方法很多，下面介绍常见的几种。

（1）首先沿 O_1F 切断支撑段，在凸模上留下一凸台，然后再在磨床上磨去该凸台。这种方法应用较多，但对于圆柱等曲边形零件则不适用。

（2）在以前的切缝中塞入铜丝、铜片等导电材料，再对 O_2E 边多次切割。

（3）用一狭长铁条架在切缝上面，并将铁条用金属胶胶接在工件和坯料上，再对 O_2E 边多次切割。

 知识链接

1. 快速校零

快速校零，就是对整个加工程序终点位移计算，以检测加工图形是否封闭，从而验证程序是否正确。

当将一段完整的指令段输入到控制器后，在加工开始前，一般都要作封闭性检查，即检查该段指令的图形是否封闭，以确认加工出来的工件是否正确；因为一般工件的轮廓线都应是封闭的。如果使用工人计算，则工作量太大；如果在机床上模拟加工一遍，则可能时间太长，而快速校零功能就是为此设计。它可以自动计算出并显示出某段指令的终点到起点的距离，既快速又准确。当用户需要检查某个指令段的封闭性时，即可使用该功能。具体方法为，在上挡状态下，输入需检查是指令段的起始段号，然后按【校零】键，控制器立即开始由输入的起始段号计算起，显示器跟踪显示已经计算的指令段号，一直自动计算带结束段号后停下来，显示出计算的开始段号和结束段号，以使用户检查是否正确，再按一下任何键，就显示出计算出来的终点的距离；左边的数值是 X 方向的距离，右边的数值是 Y 方向的距离。

注意：当有斜度加工时，第一条指令必须是引线。

快速校零时可以加补偿量，加补偿校零与不加补偿校零可能有点不同，就是因为四舍五入法的关系，但是只要不影响精度，就可以切割加工；另当带补偿切割时不能校零，不加补偿加工时可以在任何时候，任意条指令校零；校零末段号以停机符 DD 为界。

例如，从 200 条开始校零。按【上档】键显示 P.，按 200【校零】键右面显示 200，左面显示以 200 开始至停机符的段号，当校零结束，左右显示换位，按任意键，显示器左面 8 位显示 X 值、右面 8 位显示 Y 值。

2. 间隙补偿

C98 系列单片机线切割控制器间隙补偿是指控制器自动将钼丝半径的加工损耗考虑到工件指令中，自动预留间隙空间，使加工出来的工件大小与设计的指令相同。本控制器可以任意角度间隙补偿，同时也可以只做圆弧间隙补偿。

间隙补偿功能的参数值只能有钼丝半径正、反向两种；其中，补偿正、反向的定义方法为，按【GX】键显示正号，为正补偿，逆时针加工时工件加工轮廓扩大，顺时针加工时工件轮廓缩小，直线指令向上或左平移，逆时针圆弧指令半径扩大，顺时针圆弧指令半径缩小；按【GY】键显示负号，为负向补偿，其工件的轮廓变换和指令的修改与正向时相反。补偿具体输入及显示方如下：

首先按【上档】键将控制器切换到上档状态，再按【设置】键将控制器切换到设置状态；然后按【补偿】键进入补偿参数显示状态；当没有定义间隙补偿时显示一个"0"，间隙补偿指示灯不亮；当已经定义了参数时，显示原先输入的钼丝半径和补偿正负值，且间隙补偿指示灯不亮。此时要输入或修改参数时，首先按【GX】或【GY】键，定义补偿方向，显示"+"或"–"号后再开始输入钼丝半径，按一下【补偿】键后，就定义好了补偿参数。若要取消间隙补偿功能，以在显示参数时按【D】键即可。

 思考与练习

1. 用 3B 代码编制加工如图 5-4 所示零件的凸模的线切割加工程序，并用方圆数控 DK7732 电火花线切割机床加工该零件。线切割加工用的电极丝直径为 ϕ0.18 mm，单边放电间隙为 0.01 mm。

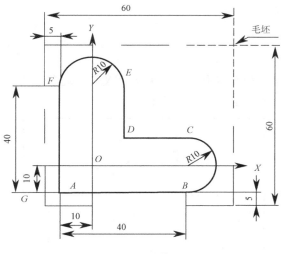

图 5-4　零件图

什么是凹模加工

我们把只要加工内腔的加工称为凹模加工。

任务2　凹模加工

 任务描述

用 3B 代码编制加工如图 5-5 所示零件的凹模的线切割加工程序，并用方圆数控 DK7732 电火花线切割机床加工该零件。线切割加工用的电极丝直径为 ϕ0.18 mm，单边放电间隙为 0.01mm。

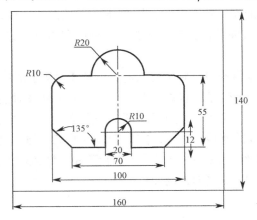

图 5-5 凹模零件图

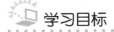 学习目标

掌握凹模的加工方法。

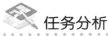 任务分析

（1）根据凹模加工零件的形状和材料的形状，我们确定零件的装夹采用桥式装夹或悬臂式装夹，加工路线和穿丝孔位置如图 5-6 所示。

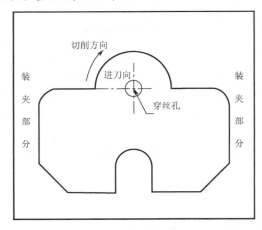

图 5-6 加工路线和穿丝孔位置

（2）3B 代码加工程序如下：

N1	B20000	B0	B20000	GX L3
N2	B20000	B0	B40000	GY SR2
N3	B20000	B0	B20000	GX L1

N4	B0	B10000	B10000	GY SR1
N5	B0	B30000	B30000	GY L4
N6	B15000	B15000	B15000	GY L3
N7	B25000	B0	B25000	GX L3
N8	B0	B12000	B12000	GY L2
N9	B10000	B0	B20000	GX NR1
N10	B0	B12000	B12000	GY L4
N11	B25000	B0	B25000	GX L3
N12	B15000	B15000	B15000	GX L2
N13	B0	B30000	B30000	GY L2
N14	B10000	B0	B10000	GX SR2
N15	B20000	B0	B20000	GX L1
N16	B20000	B0	B20000	GX L1
DD				

（3）补偿量的大小 δ=钼丝的半径+单边放电间隙=0.09+0.01=0.1 mm。

（4）补偿的方向按 C98 系列单片机线切割控制器的定义确定为正补偿。

完成任务/操作步骤

完成任务

以方圆数控 DK7732 电火花线切割机床为例加工凹模。该机床采用 C98 系列单片机线切割控制器，线切割加工操作步骤如下：

第 1 步　启动机床电源，输入加工程序，检查和校零程序，检查程序是否正确。

第 2 步　检查机床各部分是否有异常，如高频电源、水泵、储丝筒等的运行情况。

第 3 步　上丝、穿丝、校垂直。

第 4 步　装夹工件，找正。

第 5 步　将电极丝穿入穿丝孔，手动或自动找中心，确定切割起始位置。

第 6 步　启动走丝，开启工作液泵，调节喷嘴流量。

第 7 步　调整加工参数和设置补偿。加工参数有脉冲间隔、脉冲宽度、高频功率、进给速度等；补偿设置：【待命】键→【上档】键→【设置】键→【补偿】键→【GX】键→输入100→补偿键。

第 8 步　运行加工程序，【待命】键→输入加工程序起始段号→【执行】键→【执行】键，开始加工。

第 9 步　监控加工过程，如走丝、放电、工作液循环等是否正常。

第 10 步　完工后拆下电极丝，取下工件，再把电极丝装好。

第 11 步　检查零件是否符合要求，如出现差错，应及时处理，避免加工零件报废。

工艺技巧/操作技巧

1. 线切割断丝原因分析

（1）加工电流过大，脉冲间隔小。

（2）钼丝抖动厉害。

（3）工件表面有毛刺或氧化皮。

（4）进给调节不当，开路短路频繁。

（5）工作液太脏。

（6）导电块未与钼线接触或被拉出凹痕。

（7）工件材料变形，夹断钼丝。

（8）工件跌落，撞断钼丝。

2. 断丝处理

（1）断丝后丝筒上剩余丝的处理。

若丝断点接近两端，剩余的丝还可利用，先把丝较多的一边断头找出并固定，抽掉另一边的丝，然后手摇丝筒让断丝处位于立柱背面过丝槽中心，重新穿丝，定好限位，即可继续加工。

（2）断丝后原地穿丝。

原地穿丝时若是新丝，注意用中粗砂纸打磨其头部一段，使其变细变直，以便穿丝。

（3）回穿丝点。

若原地穿丝失败，只能回穿丝点，反方向切割对接。由于机床定位误差、工件变形等原因，对接处会有误差。若工件还有后续抛光、锉修工序，而又不希望在工件中间留下接刀痕，可沿原路切割。由于二次放电等因素，已切割面表面会受影响，但尺寸不受多大影响。

3. 线切割穿丝孔

（1）穿丝孔的作用：对精度要求高的零件，从零件外部切入，会使工件的内应力失去平衡而产生变形，影响加工精度，因此，选择加工起点打穿丝孔穿丝加工。对于凹模和孔类零件，必须打穿丝孔才能保证型腔和孔腔的完整。

（2）穿丝孔的加工：对于可以用钻头加工的工件材料，直接钻削；对于高硬度的工件材料，需采用电火花穿孔加工，穿丝孔的直径与工件厚度有关，一般直径为$\phi 3 \sim \phi 10\,\text{mm}$。

 知识链接

1. 自动找中心

C98 系列单片机线切割控制器自动找中心的方法是，将工件去掉毛刺洗干净，自动/模拟开关置模拟位置，控制器后板对中/加工开关置对中位置；按【上档】键显示 P.，按【D】键显示"------"

按【O】键显示"----00"进行自动对中，并显示 X、Y 二轴坐标数据。

思考与练习

用 3B 代码编制加工如下图所示零件的凹模的线切割加工程序，并用方圆数控 DK7732 电火花线切割机床加工该零件。线切割加工用的电极丝直径为 $\phi0.18$ mm，单边放电间隙为 0.01 mm。

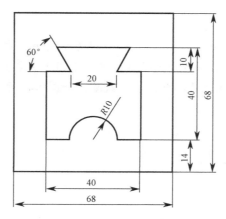

什么是跳步加工

我们把既要加工内腔又要加工外形的加工称为跳步加工。

任务3 跳 步 加 工

 任务描述

如图 5-7 所示的零件，已知材料为 45 号钢，试分析其加工操作步骤。

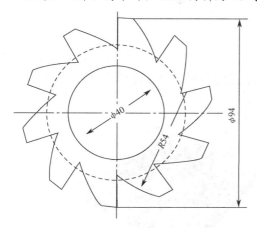

图 5-7 零件图及实体图

 学习目标

能掌握电火花线切割跳步加工操作方法。

 任务分析

分析加工工艺，准备工件毛坯。

零件内腔圆弧直径为 40 mm，外轮廓圆弧直径为 94 mm，所以，可选择长 110 mm、宽 110 mm 的毛坯。为了保证内腔和外形的位置精度，采用一次装夹完成加工。

根据零件形状，确定穿丝位置和加工切割线路，如图 5-8 所示。加工顺序是先切割内轮廓，再切割外轮廓。

完成任务/操作步骤

完成任务

第 1 步　工件毛坯应先在铣床上铣上、下两个面，再在磨床上磨这两个面，保证其厚度尺寸、表面粗糙度、上下面平行度等符合要求，如图 5-9 所示。

图 5-8　穿丝位置和加工切割线路　　　　图 5-9　毛坯

预钻穿丝孔。预钻两个穿丝孔，穿丝孔直径为 3 mm，如图 5-10 所示。工件毛坯、穿丝孔、零件三者的位置关系如图 5-11 所示。为了减小进给距离，内腔穿丝孔没有选在圆心处，而是选在靠近圆弧的位置。

图 5-10　穿丝孔　　　　图 5-11　位置关系

第 2 步 准备加工程序。

加工程序可以手工编写，也可以用计算机自动生成，具体的编程方法可参考模块二。

第 3 步 上丝，校垂直。

装上电极丝，并校正其垂直度。一般是校正电极丝与工作台水平面的垂直度。

第 4 步 装夹工件并找正。

工件毛坯为方形，零件外形为圆形，在毛坯四角的余量较大，所以，可把四个角作为装夹的夹持点。可用桥式支撑的方式进行装夹。装夹时要注意穿丝孔的方向，如图 5-12 所示。

第 5 步 穿丝，对中心。

将电极丝穿过第一个穿丝孔，然后对好中心，如图 5-13 所示。

图 5-12 装夹工件

图 5-13 穿丝

第 6 步 加工内腔。

调好加工参数，依次启动走丝，打开切削液，将【加工/定中心】开关置【加工】，打开高频电源，然后单击【切割】按钮，启动程序加工，并用【变频】旋钮来改变进给速度。

由于零件内腔轮廓和外轮廓不是连续的，所以不可能连续加工，编写程序也要在内腔轮廓和外轮廓加入暂停指令。内腔加工完成，电极丝回到穿丝孔的起始位置，会自动停下来。加工完内腔的零件（即中间零件）如图 5-14 所示，切割下来的废料如图 5-15 所示。

图 5-14 中间零件

图 5-15 废料

第 7 步 第二次穿丝，定位

加工完内腔后，加工外轮廓时要重新穿丝。去掉电极丝一端，单击【空走】，选择【正向空走】，拖板自动移到第二个穿丝孔停下，然后穿丝。这次穿丝后不用对中心，电极丝的位置已在前面"空走"时由程序自动定位。空走时，拖板移动相对较快，而且高频电源自动关闭，不会放电。

第 8 步　加工工件外轮廓

单击【切割】，再次启动程序，开始切割外轮廓。

第 9 步　停机，检测。

加工完毕，先关闭切削液，稍等一会儿再关闭走丝。小心地移开电极丝，取下零件，然后检测零件，看是否符合要求。若不符合要求，找出原因，进行纠正，以备加工下一个零件。最终零件如图 5-16 所示，废料如图 5-17 所示。

图 5-16　最终零件　　　　　　　　　　图 5-17　废料

 工艺技巧/操作技巧

1. 线切割加工的基本内容

线切割加工的基本内容如下。

（1）材料：根据图样选择工件材料、加工基准面、热处理、消磁、表面处理（去氧化皮、去锈斑）。

（2）基准：确定工艺基准面、确定工艺基准线、确定线切割加工基准。

（3）程序：手工编程、自动编程。

（4）穿丝孔：确定穿丝孔位置、确定穿丝孔直径、加工穿丝孔。

（5）工件装夹：选择装夹方法、工件找正。

（6）电极丝：选择电极丝、安装电极丝、穿丝、校垂直。

（7）工作液：选择、配制、更换。

（8）加工：程序传输、对丝、调节脉冲电源参数、进给速度、启动加工、过程监控。

（9）检验：加工精度（尺寸）检查、表面粗糙度检查、分析。

2. 线切割加工操作步骤

加工前先准备好工件毛坯、装夹工量具等。若需切割内腔形状工件，或工艺要求穿丝孔需加工的，毛坯应预先钻好穿丝孔，然后按以下步骤操作。

（1）启动机床电源进入系统，准备加工程序。

（2）检查机床各部分是否有异常，如高频电源、水泵、储丝筒等的运行情况。

（3）上丝、穿丝、校垂直。

（4）装夹工件，找正。

（5）对丝，确定切割起始位置。

（6）启动走丝，开启工作液泵，调节喷嘴流量。

（7）调整加工参数。

（8）运行加工程序，开始加工。

（9）监控加工过程，如走丝、放电、工作液循环等是否正常。

（10）检查零件是否符合要求，如出现差错，应及时处理，避免加工零件报废。

 思考与练习

加工如下图所示的零件，试分析其加工步骤。已知材料用 45 号钢。

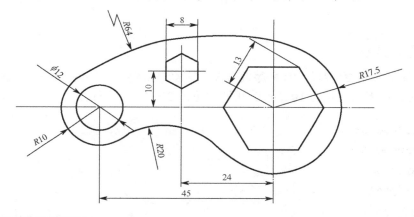

什么是锥度加工

把线切割加工中加工面带有一定锥度的加工称为锥度加工。

任务4 锥 度 加 工

 任务描述

加工如图 5-18 所示的零件，工件下面图形是边长为 10 mm 的正四边形，工件的厚度为 50 mm。A、B 面的斜度角为 2°，C 面的斜度角为 5°，D 面的斜度角为 0°。试分析其加工步骤。已知材料用 45 号钢。

 学习目标

掌握电火花线切割锥度加工的操作方法。

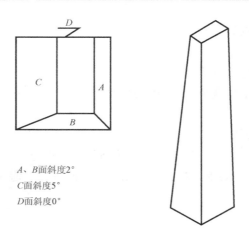

A、*B*面斜度2°
*C*面斜度5°
*D*面斜度0°

图 5-18　零件图

 任务分析

变锥切割时，须把要切割的 3B 程序调出来，根据实际需要，在相应 3B 程序前输入锥度角。

（1）编写工件下面边长为 10 mm 的正四边形的 3B 程序如下：

```
N1: BBB5000GXL3
N2: BBB5000GYL4
N3: BBB10000GXL3
N4: BBB1OO00CYL2
N5: BBB1OOOOGXL1
N6: BBB5000GYL4
N7: BBB5000GXL1
DD
```

（2）在主菜单下按【F】键再按【Enter】键，把图库 WS-C 的文件调出来，把光标移到要切割的 3B 文件，按【Enter】键，即显示 3B 程序。

（3）把光标移到 N2:之前，按【Enter】键，输入 DEG=2；
把光标移到 N4:之前，按【Enter】键，输入 DEG=5；
把光标移到 N5:之前，按【Enter】键，输入 DEG=0；
把光标移到 N6:之前，按【Enter】键，输入 DEG=2；
即：

```
N1:BBB5000GXL3
DEG=2
N2:BBB5000GYL4
N3:BBB10000GXL3
DEG=4
```

```
N4:BBB10000GYL2
DEG=0
N5:BBB1o000GXL1
DEG=2
N6:BBB5000GYL4
N7:BBB5000GXL1
DD
```

（4）完成变锥角度设定后，按【F3】键，按【Enter】键，把 3B 指令储存。按【Esc】键退出，即可进行变锥切割。通过模拟切割，显示出变图形。

 完成任务/操作步骤

完成任务

经模拟切割无误后，装夹工件。开启丝筒、水泵、高频，可进行正式切割。

（1）在主菜单下，选择加工#1。按【Enter】键，显示加工文件。将光标移到要切割的变锥体的 3B 文件，按回车键，显示出该 3B 指令的图形，调整大小比例及适当位置。

（2）按【F1】键，按【Enter】键，再按【Enter】键，开始切割。图 5-19 为完成工件实物图。

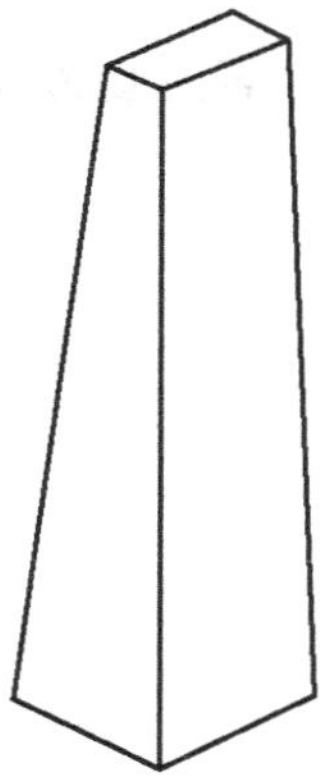

 工艺技巧/操作技巧

（1）如果工件里的所有锥度角都相同，可以在 F3 参数里的锥度参数设置里设置锥度参数。逆时针方向切割时取正角度工件上小下大（正锥）；取负角度则上大下小（倒锥）。顺时针方向切割时情况刚好相反。

（2）切割时，如果 3B 程序中插入的锥度角，将与 F3 参数里的锥度角相加，因此，变锥切割时 F3 参数里的锥度角一般设为 0

图 5-19　实物图

（3）用上下异形切割的方法也可以进行变锥切割，对变锥工件的上下面图形分别编程，生成上下图形两个 3B 指令文件，即可用上下异形切割方法进行变锥切割。

 知识链接

东方数控电火花线切割机床操作步骤

（1）开机。

按下电源开关，接通电源。

（2）把加工程序输入控制机。

（3）开运丝。

按下运丝开关，让电极丝空运转，检查电极丝抖动情况和松紧程度。若电极丝松，则应充分且用力均匀紧丝。

（4）开水泵，调整喷水量。

开水泵时，请先把调节阀调至关闭状态，然后逐渐开启，调节至上下喷水柱包容电极丝，水柱射向切割区即可，水量不必太大。上线架底面前部有一排水孔，经常保持畅通，避免上线架内积水渗入机床电器箱内。

（5）开脉冲电源选择电参数。

用户应根据对切割效率、精度、表面粗糙度的要求，选择最佳的电参数。电极丝切入工件时，请把脉冲间隔拉开，待切入后，稳定时再调节脉冲间隔，使加工电流满足要求。

（6）开启控制机，进入加工状态。观察电流表在切割过程中，指针是否稳定，精心调节，切忌短路。

（7）加工结束后应先关闭水泵电机，再关闭运丝电机，检查 X、Y 坐标是否到终点。到终点时拆下工件，清洗并检查质量。

机床电气操纵面板和控制面板上都有红色急停按钮开关，工作中如有意外情况，按下此开关即可断电停机。

 思考与练习

加工如下图所示的零件，工件下面图形是边长为 10 mm 的正六边形，工件的厚度为 50 mm，锥度角为 2°。试分析其加工步骤。已知材料用 45 号钢。

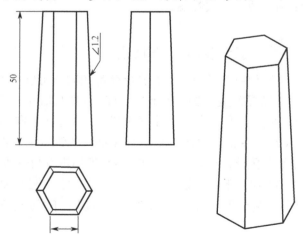

什么是上下异形面

上下面加工是指工件的上表面和下表面不是相似的图形，如同一个工件的上表面为正圆形，而其下表面却是正方形，上下表面之间平滑过渡。

任务5 上下异形面加工

任务描述

加工如图 5-20 所示的零件,工件上面图形为 $\phi 18$ mm 的圆,工件下面图形是边长为 11 mm 的正六边形, 工件的厚度为 50 mm。试分析其加工步骤。已知材料用 45 号钢。

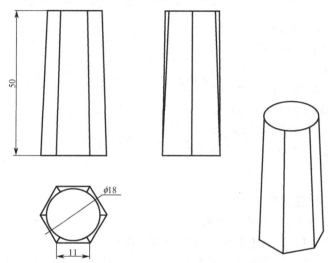

图 5-20 零件图

学习目标

掌握电火花线切割上下异形面加工的操作方法。

任务分析

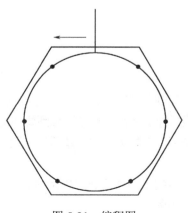

图 5-21 编程图

上下异形切割,须把工件的上下面图形分别编程,生成 2 个 3B 指令文件,存放在图库里。注意:当上下图形 3B 指令段数相同时,上下图形的每段指令同步开始,同步结束;当上下图形 3B 指令段数不相同时,须在编程时对指令段数少的图形进行分段,使上下图形指令段数相同,其对应位置可根据需要来确定,如图 5-21 所示。上下异形加工时一定要上下图形从同一个起点加工。且上下图形的加工方向要相同。不能一个图顺时针方向加工,另一个图逆时针方向加工。

圆的 3B 程序如下:

```
N1: B 0 B 0      B5526    GY L4
N2: B 0 B9000    B36000   GX NR2
N3: B 0 B 0      B5526    GY L2
DD
```

六边形的 3B 程序如下：

```
N1: B 0    B 0     B5000    GY L4
N2: B 0    B 0     B5500    GX L3
N3: B5500 B9526   B9526    GY L3
N4: B5500 B9526   B9526    GY L4
N5: B 0    B 0     B11000   GX L1
N6: B5500 B9526   B9526    GY L1
N7: B5500 B9526   B9526    GY L2
N8: B 0    B 0     B5500    GX L3
N9: B 0    B 0     B5000    GY L2
DD
```

编完程序后要进行模拟切割：

（1）先调入下面图形的 3B 指令文件。

（2）按【F3】键、【G】键进入锥度参数设置子菜单。

（3）将光标移到 File2 异形文件，按【Enter】键，再把光标移到上面图形的 3B 指令文件，按【Enter】键，再按【Esc】键退出，即可显示上下面两个图形叠加。

（4）按【F1】键，按【Enter】键，再按【Enter】键，即开始模拟切割。黄色切割轨迹为工件下面，灰色切割轨迹为工件上面。

上下异形模拟切割结束时，要注意 UV 轴的最大行程 U_{max}、V_{max} 的数值（画面有显示）是否超过机床 UV 轴的实际最大行程，如果超过的话，则要修改图纸尺寸重新编程或修改参数设置，使模拟结束后 U_{max}、V_{max} 的数值不超过机床 UV 轴的最大行程方可正式切割。

完成任务/操作步骤

完成任务

经模拟切割无误后，装夹工件。开启丝筒、水泵、高频，可进行正式切割。

（1）在主菜单下，选择加工#1。按【Enter】键、【C】键，显示加工文件。将光标移到要切割的上下异形体的 3B 文件，按【Enter】键，显示出该 3B 指令的图形，调整大小比例及适当位置。

（2）按【F3】、【G】键进入锥度参数设置子菜单。

（3）将光标移到 File2 异形文件，按【Enter】键，再把光标移到上面图形的 3B 指令文件，按【Enter】键，再按【Esc】键退出，即可显示上下面两个图形叠加。

（4）按【F1】键，按【Enter】键，再按【Enter】键，开始切割。图 5-22 为完成的工件实物图。

图 5-22 工件实物图

 工艺技巧/操作技巧

在测量丝架距和基准面高不准确的情况下（要求尽可能准确），可先切割出一锥度圆柱体，然后实测锥度圆柱体的上、下直径，输入计算机即可自动计算出精确的丝架距和基准面高。

 知识链接

图 5-23 为小拖板式的锥度结构形式，对于杠杆式锥度结构方案（又称为摇臂式、摇杆式），基准面高应由杠杆点起计算（即为杠杆点零），丝架高应为杠杆点至上导轮中心的距离。即在锥度设置子菜单中：

基准面高——横夹具面与摇摆支点的距离；

丝架距——上导轮中心与摇摆支点的距离。

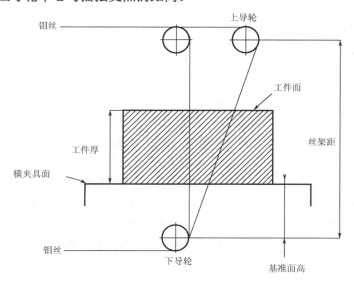

图 5-23 小拖板式的锥度结构

思考与练习

加工如下图所示的零件，工件上面图形为 ϕ18 mm 的圆，工件下面图形是边长为 8 mm 八边形，工件的厚度为 50 mm。试分析其加工步骤。已知材料用 45 号钢。

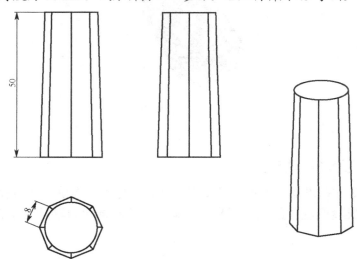

阅读与知识检索

用电火花线切割机床磨削小孔

1. 线切割磨孔原理

由于砂轮直径不能做得很小，直径 ϕ5 mm 以下的小孔磨削比较困难。可在线切割机床上安装一个回转工作台，带动工件转动（图 5-24），径向进给仍用原机坐标工作台的进给。利

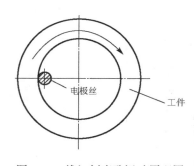

用线切割机床的脉冲电源、冷却液和坐标工作台，可以磨削 ϕ0.3 mm 以上的小孔并通过调整回转工作台的倾斜度，获得适当的刃口锥度，从而克服小孔模具磨削的困难。由于线切割机床坐标精度甚高，且容易控制，因此很容易保证工件精度，磨削后表面光亮，Ra 值可达 1.6～0.8 μm。

回转工作台主要由电动机、旋转机构及夹具等组成，其结构如图 5-25 所示。

其中，电动机为单相 220 V、25 W，转速约为 2900 r/min，带轮的主动轮与从动轮直径之比为 2：1。

图 5-24　线切割磨孔运动原理图

加工工件的内孔一般应留有一定的电火花磨削余量，为了达到所需要的表面粗糙度，又要照顾到电火花磨削的加工生产率，采取了转换电规准的方法，通过调节脉冲宽度和加工电压来实现。一般先粗加工，逐渐转换，当接近加工尺寸时，转精加工修光，精加工脉冲宽度为 1～2 μs，停止进给后，工件继续转动、磨削，直到看不见火花为止。

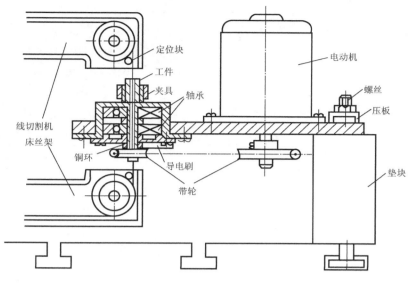

图 5-25　回转工作台

2．磨削过程

磨削时，将工件放入夹具内夹紧，钼丝由预孔中穿过，先自动找中心，然后按图样要求送入圆半径的直线程序，并考虑补偿量。根据实际情况，加工指令送 L1、L2、L3 或 L4。若加工直孔，加工指令送 L1～L4 均可，若带锥度时，即回转工作台有一定的倾斜度，就要考虑进给方向。然后按下进给、变频等键（与线切割加工操作相同），机器即自动加工，到计数长度减为零时为止。当加工达到尺寸以后，不要切断脉冲电源，再继续磨削 2～3 min。

3．磨削时应特别注意的问题

在小孔磨削过程中，当钼丝与工件接近放电距离时，掌握进给速度是十分重要的。因为电火花磨削不同于机械磨削。机械磨削是直接加工，而电火花磨削则是靠火花放电使工件电蚀面达到磨削的目的。因此，钼丝与工件之间大于放电距离时得不到电蚀。同样，钼丝与工件短路时由于不发生火花放电，也得不到电蚀。如果在钼丝与工件接近放电距离时，进给太快，就会产生局部短路的现象，结果这一部分始终得不到电蚀，使内孔表面出现条痕。但由于工件在高速旋转，电流电压指示并不显示短路，仍然正常进给，因此也不能像切割加工一样，用观察电压、电流的方法来判断加工情况，所以，当钼丝进给达到放电区域时，进给速度要慢，宁可欠进给，一定要逐步扫平预孔的不圆度和不柱度部分，然后进入正常磨削，这一点必须注意。为了防止磨削加工中出现"夹生"现象（指短路不放电部分），调整进给速度的原则是，粗加工时，加工电压一般大于或等于 1/3 开路电压，尽量使加工点处于火花区的后沿，以快速扫平内孔表面的不平整部分；精加工时，加工电压为开路电压的 1/2 左右，以改善表面粗糙度。

第四篇 模具电火花成型加工工艺与操作

模块六 模具电火花成型加工工艺基础

如何学习

本模块内容为模具电火花成型加工工艺基础，主要以掌握、理解为认知标准。

电火花成型机床典型结构

数控电火花成型机床一般都是由床身、立柱、工作台、工作液箱、主轴头、工作液循环过滤系统、脉冲电源和伺服进给机构等部分组成。

任务1 电火花成型加工设备

任务描述

仔细观察实训车间的数控电火花成型机床，了解其各组成部分的名称及其功能。根据图 6-1 所示完成表 6-1 的填写。

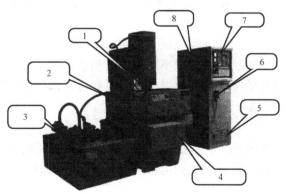

图 6-1 数控电火花成型机床

学习目标

通过对此台数控电火花成型机床结构认识，能做到举一反三，了解其他电火花成型机床各组成部分的名称及其功能。

模具线切割、电火花加工与技能训练

表 6-1　数控电火花成型机床各组成部分的名称及其功能

序　号	名　称	功　能
1		
2		
3		
4		
5		
6		
7		
8		

任务分析

任务要求在正确认识数控电火花成型机床结构的基础上，还要清楚机床各组成部分的功能及数控电火花成型机床常用的一些加工方式。

阅读与该任务相关的知识。

相关知识

电火花成型加工是由成型电极进行仿形加工的一种方法。也就是工具电极相对于工件做进给运动，把工具电极的形状和尺寸复制到工件上，从而加工出所需零件的过程。

1．数控电火花成型机床的组成及功能

数控电火花成型机床由于功能的差异，导致在布局和外观上有很大的不同，但其基本组成是一样的。数控电火花成型机床一般都是由床身、立柱、工作台、工作液箱、主轴头、工作液循环过滤系统、脉冲电源、伺服进给机构、手控盒、操作面板和数控装置等部分组成的。

1）床身和立柱

床身和立柱是基础结构，由它确保电极与工作台、工件之间的相互位置。位置精度的高低对加工有直接的影响，如果机床的精度不高，加工精度就难以保证。因此，不但床身和立柱的结构应该合理，有较高的刚度，能承受主轴负重和运动部件突然加速运动的冲击力，还应能减小温度变化引起的变形。

2）工作台

工作台主要用来支撑和装夹工件。工作台是操作者装夹找正时经常移动的部件，通过移动上下滑板，改变纵向、横向位置，达到电极与工件间所要求的相对位置。

3）主轴头

主轴头是电火花成型加工机床的一个关键部件，在结构上由伺服进给机构、导向和防扭机构、辅助机构三部分组成。主轴头的功能是装夹工具电极，控制工具电极的进给精度。

4）工作液箱和循环过滤系统

工作液箱中装有工作液，工作液起放电介质、冷却、排屑作用；循环过滤系统对工作液起过滤作用。

5）脉冲电源

　　脉冲电源的作用是向电火花成型机床提供间隙性的能量以蚀除金属。普及型（经济型）电火花加工机床一般采用高低压复合的晶体管脉冲电源，而中、高档电火花加工机床则采用计算机控制的脉冲电源。

　　6）伺服进给系统

　　伺服进给系统的作用是用来控制工件与工具电极之间的放电间隙。正常电火花加工时，工具与工件间有一定的放电间隙。如果间隙过大，脉冲电压不能击穿间隙间的绝缘工作液产生放电火花，就必须使工具电极向下进给缩小间隙。由于工件被不断地蚀除，间隙将逐渐扩大，因此，必须使工具电极以一定的速度补偿进给，以维持所需的放电间隙。如果进给量大于工件的蚀除速度，则放电间隙将逐渐变小，甚至等于零形成短路。当间隙过小时，就必须减少进给速度。

　　7）手控盒

　　手控盒用于手动控制机床各轴的运动、零点校验、开油、放电等

　　8）操作面板

　　人机操作界面，用于程序的输入、编辑，信息的显示等。

　　9）数控装置

　　数控装置是电火花成型机床的核心，主要用来对程序进行编译、运算、处理，控制机床各部分的工作。

2．数控电火花成型机床常用的加工方式

　　图 6-2 所示是数控电火花成型机床的几种常用的加工方式。

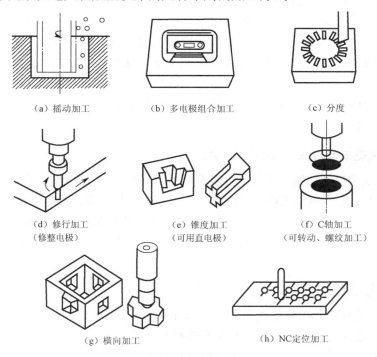

（a）摇动加工　　　（b）多电极组合加工　　　（c）分度

（d）修行加工　　　（e）锥度加工　　　（f）C轴加工
（修整电极）　　　（可用直电极）　　　（可转动、螺纹加工）

（g）横向加工　　　（h）NC定位加工

图 6-2　电火花成型机床常用的加工方式

完成任务/操作步骤

完成任务如表 6-2 所示。

表 6-2　完成任务

序　号	名　称	功　能
1	主轴头	装夹工具电极，控制工具电极的进给精度
2	工作台及工作液箱	工作台用来支撑和装夹工件；工作液箱使电极和工件浸在工作液中，对电极和工件起到冷却、排屑作用
3	工作液和循环过滤系统	工作液起放电介质、冷却、排屑作用；循环过滤系统对工作液起过滤作用
4	伺服进给系统	控制工件与工具电极之间的放电间隙
5	脉冲电源	向电火花成型机床提供间隙性的能量以蚀除金属
6	手控盒	用于手动控制机床各轴的运动、零点校验、开油、放电等
7	操作面板	人机界面，用于程序的输入、编辑，信息的显示等
8	数控装置	机床核心，对程序进行编译、运算、处理，控制机床各部分的工作

知识链接

1. 数控电火花成型机床适宜的加工材料

（1）适宜于用传统机械加工方法难以加工的材料。

由于电火花对加工材料的加工性能主要取决于材料的熔点、比热容、导热系数（热导率）等热学性质，而几乎与其硬度、韧性、抗拉强度等机械性质无关，因而工具电极材料不必比工件硬，从而可以实现用软的工具加工硬、韧的工件，甚至可以加工聚晶金刚石、立方氮化硼等超硬材料。

（2）适宜于热敏材料。当脉冲放电时间短时，材料被加工表面受热影响的范围小，故还适宜于加工热敏材料。

2. 数控电火花成型机床适宜的加工形状

数控电火花成型机床适宜加工特殊及复杂形状的零件。由于电极和工件之间没有接触式相对切削运动，不存在机械加工时的切削力，两者之间宏观作用力极小。火花放电时，局部、瞬时爆炸力的平均值很小，不足以引起工件的变形和位移，故适宜于低刚度工件和微细部位的加工，如可以加工壁薄、有弹性、低刚度、微细小孔、异形小孔、深小孔等特殊零件。

 思考与练习

1. 数控电火花成型机床各组成部分的名称与功能有哪些？
2. 数控电火花成型机床常用加工方式有哪些？
3. 数控电火花成型机床适宜的加工材料与形状有哪些？

电火花成型加工中的电参数

电火花成型加工中的电参数包括放电间隙、脉冲宽度、脉冲间隔、放电时间、击穿延时、脉冲周期、开路电压或峰值电压、加工电压或间隙平均电压、加工电流、峰值电流等。

任务2　电火花成型加工中的参数

任务描述

认真学习本任务内容，了解其各电参数的名称、符号与含义，完成表 6-3 的填写。

表 6-3　电火花成型加工中各电参数的名称、符号及含义

序　号	名　　称	符　号	含　　义
1			
2			
3			
4			
5			
6			
7			
8			
9			

学习目标

掌握电火花成型加工的参数：电参数与非电参数，了解电参数的名称、符号与含义，掌握非电参数对电火花成型加工的影响。

任务分析

本任务要求掌握电火花成型加工的参数，电参数的符号与含义，还有非电参数对电火花成型加工的影响，再填写表格。

阅读与该任务相关的知识。

相关知识

一、电火花成型加工过程中的电参数

1. 脉冲宽度

脉冲宽度（t_i/μs）简称脉宽（也常用 ON、TON 等符号表示），是加到电极和工件上放

电间隙两端的脉冲电压的持续时间。为了防止电弧烧伤，电火花加工只能用断断续续的脉冲电压波。一般来说，粗加工时可用较大的脉宽，精加工时只能用较小的脉宽。

2．脉冲间隔

脉冲间隔（$t_o/\mu s$）简称脉间或间隔（也常用 OFF、TOFF 表示），它是两个脉冲电压之间的间隔时间。间隔时间过短，放电间隙来不及消离和恢复绝缘，容易产生电弧放电，烧伤电极和工件；脉间选得过长，将降低加工的生产率。加工面积、加工深度较大时，脉间也应稍大。

3．电流脉宽（放电时间）

电流脉宽（$t_e/\mu s$）是工作液介质击穿后放电间隙中流过放电电流的时间，即电流脉宽。它比电压脉宽稍小，两者相差一个击穿延时 t_d。脉冲宽度和电流脉宽对电火花加工的生产率、表面粗糙度和电极损耗有很大影响，但实际起作用的是电流脉宽。

4．击穿延时

从间隙两端加上脉冲电压后，一般都要经过一段延续时间，工作液介质才能被击穿放电，这段时间称为击穿延时（$t_d/\mu s$）。击穿延时与平均放电间隙的大小有关，工具欠进给时，平均放电间隙变大，平均击穿延时 t_d 就大；反之，工具过进给时，放电间隙变小，平均击穿延时 t_d 就小。

5．脉冲周期

一个电压脉冲开始到下一个电压脉冲开始之间的时间称为脉冲周期（$t_p/\mu s$）。显然，脉冲周期等于脉冲宽度加上脉冲间隔，即 $t_p=t_i+t_o$。

6．开路电压或峰值电压

开路电压是间隙开路和间隙击穿之前击穿延时时间内电极间的最高电压。一般晶体管方波脉冲电源的峰值电压为 $60\sim80V$，高低压复合脉冲电源的峰值电压为 $175\sim300\,V$。峰值电压高时，放电间隙大，生产率高，但成型复制精度较差。

7．加工电压或间隙平均电压

加工电压或间隙平均电压（U/V）是指加工时电压表上指示的放电间隙两端的平均电压，它是多个开路电压、火花放电维持电压、短路和脉冲间隔等电压的平均值。

8．加工电流

加工电流（I/A）是加工时电流表上指示的流过放电间隙的平均电流。加工电流精加工时小，粗加工时大，间隙偏开路时小，间隙合理或偏短路时大。

9．峰值电流

峰值电流是间隙火花放电时脉冲电流的最大值（瞬时），在日本、英国、美国常用 I_p 表示。虽然峰值电流不易测量，但它是影响加工速度、表面质量等的重要参数。在设计制造脉冲电源时，每一功率放大管的峰值电流是预先计算好的，因此选择峰值电流实际上是选择几个功率管进行加工。

完成任务/操作步骤

完成任务如表 6-4。

表 6-4　完成任务

序　号	名　称	符　号	含　义
1	脉冲宽度	$t_i/\mu s$	加到电极和工件上放电间隙两端的电压脉冲的持续时间
2	脉冲间隔	$t_o/\mu s$	两个电压脉冲之间的间隔时间
3	电流脉宽	$t_e/\mu s$	工作液介质击穿后放电间隙中流过放电电流的时间
4	击穿延时	$t_d/\mu s$	从加上脉冲电压到介质被击穿之间的一段延续时间
5	脉冲周期	$t_p/\mu s$	两相邻电压脉冲之间的时间
6	峰值电压	u_i/v	间隙开路和间隙击穿之前击穿延时时间内电极间的最高电压
7	加工电压	U/v	加工时电压表上指示的放电间隙两端的平均电压
8	加工电流	I/A	加工时电流表上指示的流过放电间隙的平均电流
9	峰值电流	i_e/A	火花放电时脉冲电流的最大值

知识链接

1. 电火花成型加工过程中的其他常用术语

1）工具电极

电火花加工用的工具是电火花放电时的电极之一，故称为工具电极，有时简称电极。

2）放电间隙

放电间隙是放电时工具电极与工件间的距离，放电间隙一般为 0.01～0.5 mm，粗加工时间隙较大，精加工时则较小。

3）短路（短路脉冲）

放电间隙直接短路，这是由于伺服进给系统瞬时进给过多或放电间隙中有电蚀产物搭接所致。间隙短路时电流较大，但间隙两端的电压很小，没有蚀除加工作用。

4）电弧放电（稳定电弧放电）

由于排屑不良，放电点集中在某一局部而不分散，导致局部热量积聚，温度升高，如此恶性循环，火花放电就成为电弧放电。由于放电点固定在某一点或某一局部，因此又称为稳定电弧放电。电弧常使电极表面积碳、烧伤。电弧放电的波形特点是击穿延时和高频振荡的小锯齿波形基本消失。

5）过渡电弧放电（不稳定电弧放电或称不稳定火花放电）

过渡电弧放电是正常火花放电与稳定电弧放电的过渡状态，是稳定电弧放电的前兆。其波形特点是，击穿延时很小或接近于零，仅成为一尖刺，电压、电流表上的高频分量变低或成为稀疏的锯齿形波。

 思考与练习

1. 电火花成型加工过程中，如何选用合适的电参数？
2. 非电参数对电火花成型加工各有哪些影响？

电火花成型加工的基本工艺规律

电火花加工的基本工艺规律主要是通过适当调整电参数与非电参数，处理好加工速度、电极损耗、表面粗糙度、加工精度之间的相互关系。

任务3 电火花成型加工工艺

 任务描述

完成如图 6-3 示型腔零件的电火花成型加工工艺分析。

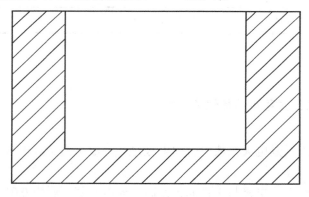

图 6-3　电火花成型加工的型腔零件

 学习目标

掌握电火花成型加工的加工工艺，完成简单零件的电火花成型加工的工艺分析。

 任务分析

本任务为一型腔零件，要求用电火花成型加工，完成其工艺分析。
阅读与该任务相关的知识。

相关知识

1. 数控电火花成型机床加工的基本工艺规律

电火花加工的基本工艺规律主要是通过适当调整电参数与非电参数，处理好加工速度、电极损耗、表面粗糙度、加工精度之间的相互关系。

1）影响加工速度的因素

电火花成型加工的加工速度，是指单位时间内工件被蚀除的体积 V 或质量 m。一般常用体积加工速度 $u=\mu/t$（单位为 mm^3/min）来表示，有时为了测量方便，也可用质量加工速度 $u=\mu/t$（单位为 g/min）来表示。

在规定的表面粗糙度、相对电极损耗条件下的最大加工速度是电火花机床的重要工艺性能指标。一般电火花机床说明书上所指的最高加工速度是该机床在最佳状态下所达到的，在实际生产中的正常加工速度要大大低于机床的最大加工速度。

影响加工速度的因素有电参数和非电参数两大类。电参数主要是脉冲电源输出波形与参数；非电参数包括加工面积、深度、工作液种类、冲油方式、排屑条件及电极的材料、形状等。

2）影响电极损耗的因素

影响电极损耗的主要因素如表 6-5 所示。

表 6-5　影响电极损耗的主要因素

序　号	因　素	说　明	减少损耗的条件
1	脉冲宽度	脉宽越大，损耗越小，至一定数值后，损耗可降低至少 1%	脉宽足够大
2	峰值电流	峰值电流增大，电极损耗增加	减小峰值电流
3	加工面积	影响不大	大于最小加工面积
4	极性	影响很大。应根据不同电源、不同电规准、不同工作液、不同电极材料、不同工件材料，选择合适的极性	一般脉宽大时用正极性，小时用负极性，钢电极时用负极
5	电极材料	常用电极材料中黄铜的损耗最大，紫铜、铸铁、钢次之，石墨和铜钨、银钨合金较小。紫铜在一定的电规准和工艺条件下，也可以得到低损耗加工	石墨作粗加工电极，紫铜作精加工电极
6	工件材料	加工硬质合金工件时电极损耗比钢工件大	用高压脉冲加工或用水做工作液，在一定条件下可降低损耗
7	工作液	常用的煤油、机油获得低损耗加工需具备一定的工艺条件；水和水溶液比煤油容易实现低损耗加工（在一定条件下），如硬质合金工件的低损耗加工，黄铜和钢电极的低损耗加工	在许可条件下，最好不强制冲（抽）油
8	排屑条件和二次放电	在损耗较小的加工时，排屑条件越好，则损耗越大，如紫铜，有些电极材料则对此不敏感，如石墨。损耗较大的电规准加工时，二次放电会使损耗增加	

3）影响表面粗糙度的因素

电火花加工的工件，其表面与机加工不同，它是由若干电蚀小凹坑组成的，能存润滑油，其耐磨性比同样粗糙度的机加工要好，在相同表面粗糙度的情况下，电加工表面比机加工表面亮度低。

电火花加工的工件，其表面的凹坑大小与单个脉冲放电能量有关：单个脉冲能量越大，则凹坑越大。若把粗糙度值大小简单地看成与电蚀凹坑的深度成正比，则电火花加工的表面粗糙度随单个脉冲能量的增加而增大。

当峰值电流一定时，脉冲宽度越大，单个脉冲的能量就越大，放电腐蚀的凹坑也越大、越深，所以表面粗糙度就越差。

在脉冲宽度一定的条件下，随着峰值电流的增加，单个脉冲能量也增加，表面粗糙度就变差。

在一定的脉冲能量条件下，熔点高的材料表面粗糙度值要比熔点低的材料小。

工具电极的粗糙度也影响工件的粗糙度。例如，石墨电极比较粗糙，它加工出的工件粗糙度就较大。

由于电极的相对运动，工件侧边的粗糙度比端面小。

干净的工作液有利于得到理想的粗糙度。因为工作液中含蚀除产物等杂质越多，越容易发生积炭等现象，从而造成粗糙度增大。

4）影响加工精度的因素

电加工精度包括尺寸精度和仿型精度（或形状精度）。影响精度的因素很多，这里重点讨论与电火花加工工艺有关的因素。

（1）放电间隙。工具电极与工件间存在着放电间隙，因此，工件的尺寸、形状与工具并不一致。如果加工过程中放电间隙是常数，就可以根据工件加工表面的尺寸、形状预先对工具尺寸、形状进行修正。但放电间隙是随电参数、电极材料、工作液的绝缘性能等因素的变化而变化的，因而将工具的尺寸、形状复制到工件上就会产生精度误差。

（2）加工斜度。产生斜度的情况如图 6-4 所示。

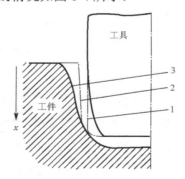

1—电极无损耗时的工具轮廓线；2—电极有损耗而不考虑二次放电时的工件轮廓线；3—实际工件轮廓线

图 6-4　加工斜度示意图

由于工具电极下面部分加工时间长，损耗大，因此电极变小，而入口处由于电蚀产物的存在，易发生因电蚀产物的介入而再次进行的非正常放电（即"二次放电"），因而产生加工斜度。

（3）工具电极的损耗。随着加工深度的增加，工具电极进入放电区域的时间是从端部向上逐渐减少的。实际上，工件侧壁主要是靠工具电极底部端面的周边加工出来的。因此，电极的损耗也必然从端部向上逐渐减少，从而形成了损耗锥度，如图 6-5 所示。工具电极的损

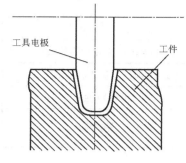

图 6-5　工具损耗锥度示意图

耗锥度反映到工件上就是加工斜度。

5）电火花加工的稳定性

在电火花加工中，加工的稳定性是一个很重要的概念。加工的稳定性不仅关系到加工的速度，而且关系到加工的质量。

（1）电参数与加工稳定性。一般来说，单个脉冲能量较大的参数，容易达到稳定加工。但是，当加工面积很小时，不能用很强的参数加工。另外，加工硬质合金不能用太强的参数加工。

脉冲间隔太小常易引起加工不稳定。在微细加工、排屑条件很差、电极与工件材料不太合适时，可增加间隔来改善加工的稳定性，但这样会引起生产效率下降。每种电极材料都有合适的加工波形和适当的击穿电压，以实现稳定加工。当平均加工电流超过最大允许加工电流密度时，将出现不稳定现象。

（2）电极进给速度。电极的进给速度应与工件的蚀除速度相适应，以使加工稳定进行。进给速度大于蚀除速度时，加工不易稳定。

（3）蚀除物的排除情况。良好的排屑是保证加工稳定的重要条件。单个脉冲能量大，则放电爆炸力强，电火花间隙大，蚀除物容易从加工区域排出，加工就稳定。在用弱规准加工工件时，必须采取各种方法保证排屑良好，实现稳定加工。冲油压力不合适也会造成加工不稳定。

（4）电极材料及工件材料。对于钢工件，各种电极材料的加工稳定性好坏次序为：紫铜（铜钨合金、银钨合金）→铜合金（包括黄铜）→石墨→铸铁→不相同的钢→相同的钢。

淬火钢比不淬火钢工件加工时稳定性好；硬质合金、铸铁、铁合金、磁钢等工件的加工稳定性差。

6）合理选择电火花加工工艺

电火花加工一般遵循如下规律。

（1）粗、中、精逐挡过渡式加工方法。粗加工用以蚀除大部分加工余量，使型腔按预留量接近尺寸要求；中加工用于提高工件表面粗糙度等级，并使型腔基本达到要求；精加工主要保证最后加工出的工件达到要求的尺寸与粗糙度。

（2）先用机械加工去除大量的材料，再用电火花加工以保证加工精度和加工质量。电火花成型加工的材料去除率不能与机械加工相比。因此，在工件型腔电火花加工中，有必要先用机械加工方法去除大部分加工量，使各部分余量均匀，从而大幅度提高工件的加工效率。

（3）采用多电极。在加工中及时更换电极，当电极绝对损耗量达到一定程度时，及时更换，以保证良好的加工质量。

综上所述，电火花加工的基本工艺规律主要是通过适当调整电参数与非电参数，处理好加工速度、电极损耗、表面粗糙度、加工精度之间的相互关系。表 6-6 给出各种工艺参数的变化规律。

工具电极　　工件

表 6-6　各种工艺参数的变化规律

	加 工 速 度	电 极 损 耗	表面粗糙度	备　注
峰值电流+	0	-	0	加工间隙+，型腔加工锥度+
脉冲宽度+	+	0	+	加工间隙+，加工稳定性+
脉冲间隔+	-	+	0	加工稳定性+
介质清洁度+	中、粗加工- 精加工+	0	0	加工稳定性+

注：0表示影响较小，-表示降低或减小，+表示增大。

完成任务/操作步骤

电火花成型加工主要有单工具电极直接成型法和多电极更换法等。

1. 单工具电极直接成型法

单工具电极直接成型法是指采用同一个工具电极完成模具型腔的粗、中及精加工的方法。图 6-6 为单工具电极直接成型法粗、精加工示意图。

对普通的电火花机床，在加工过程中先用无损耗或低损耗电规准进行粗加工，然后采用平动头使工具电极作圆周平移运动，按照粗、中、精的顺序逐级改变电规准，进行侧面移动修整加工。在加工过程中，借助平动头逐渐加大工具电极的偏心量，可以补偿前后两个加工电规准之间放电间隙的差值，这样就可以完成整个型腔的加工。

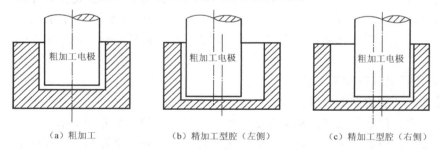

（a）粗加工　　　　　　（b）精加工型腔（左侧）　　　　　（c）精加工型腔（右侧）

图 6-6　单工具电极直接成型法

2. 多电极更换法

多电极更换法是根据一个型腔在粗、中、精加工中放电间隙各不相同的特点，采用几个不同尺寸的工具电极完成一个型腔的粗、中、精加工的方法。在加工时，首先用粗加工电极蚀除大量金属，然后更换电极进行中、精加工。对于加工精度高的型腔，往往需要较多的电极来精修型腔。图 6-7 为多电极更换法进行粗、精加工的示意图。

多电极更换法的优点是仿型精度高，尤其适合于尖角、窄缝多的型腔模加工。它的缺点是需要多个电极，并且对电极的重复精度要求很高。另外，在加工过程中，电极的依次更换需要有一定的重复定位精度。

早期的非数控电火花机床，为了加工出高质量的工件，多采用多电极更换法。

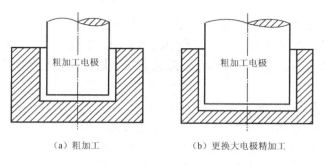

（a）粗加工 （b）更换大电极精加工

图 6-7 多电极更换法

 知识链接

1. 电火花成型加工中腐蚀材料的影响因素

1）极性效应对电蚀量的影响

电火花加工的两电极对材料的腐蚀速度是不同的，这种现象称为极性效应。如果两电极材料不同，则极性效应更加明显。在生产中，将工件接脉冲电源正极（工具电极接脉冲电源负极）的加工称为正极性加工，如图 6-8 所示；反之称为负极性加工，如图 6-9 所示。

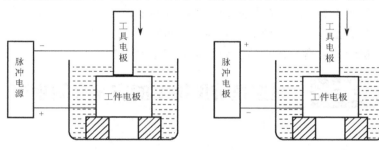

图 6-8 正极性接线法 图 6-9 负极性接线法

极性效应受电极及电极材料、加工介质、电源种类、单个脉冲能量等多种因素的影响，其中主要因素是脉冲宽度。

在电场的作用下，放电通道中的电子奔向正极，正离子奔向负极。在窄脉冲宽度加工时，由于电子惯性小，运动灵活，大量的电子奔向正极，并轰击正极表面，使正极表面迅速熔化和气化；而正离子惯性大，运动缓慢，只有一小部分正离子能够到达负极表面，而大量的正离子不能到达负极表面，因此，电子的轰击作用大于正离子的轰击作用，正极的电蚀量大于负极的电蚀量，这时应采用正极性加工。

在宽脉冲宽度加工时，质量和惯性都大的正离子将有足够的时间到达负极表面，由于正离子的质量大，它对负极表面的轰击破坏作用要比电子强，同时到达负极表面的正离子又会牵制电子的运动，故负极的电蚀量将大于正极的电蚀量，这时应采用负极性加工。

在实际加工中，要充分利用极性效应，正确选择极性，最大限度地提高工件的蚀除量，降低工具电极的损耗。

2）覆盖效应对电蚀量的影响

在材料放电腐蚀过程中,一个电极的电蚀产物转移到另一个电极表面上,形成一定厚度的覆盖层,这种现象称为覆盖效应。合理利用覆盖效应,有利于降低电极损耗。

在油类介质中加工时,覆盖层主要是石墨化的碳素层,其次是黏附在电极表面的金属微粒黏结层。

3)工作液对电蚀量的影响

电火花加工一般在液体介质中进行,液体介质通常称为工作液。

目前,电火花成型加工多采用油类作工作液。机油黏度大、燃点高,用它作工作液有利于压缩放电通道,提高放电的能量密度,强化电蚀产物的抛出效果。但黏度大,不利于电蚀产物的排出,影响正常放电。而煤油黏度小、流动性好,有利于排屑。

粗加工时,要求速度快,放电能量大,放电间隙大,故常选用机油等黏度大的工作液;在中、精加工时,放电间隙小,往往采用煤油等黏度小的工作液。

在精密加工中,可采用比较纯的蒸馏水、去离子水或乙醇水溶液作工作液,其绝缘强度比普通水高。

 思考与练习

1. 影响电火花成型加工速度的因素有哪些方面?
2. 影响电火花成型加工表面粗糙度的因素有哪些方面?
3. 影响电火花成型加工精度的因素有哪些方面?
4. 电火花成型加工中腐蚀材料的影响因素有哪些方面?

任务4 电火花成型加工的安全文明生产

 任务描述

在电火花成型加工中有哪些注意事项?

 学习目标

为了保证操作者的人身安全,保证设备安全,操作者必须严格遵守电火花成型机床安全操作规程。

 完成任务/操作步骤

完成任务

(1)熟悉机床的结构、原理、性能及用途等方面的知识,按照工艺规程做好加工前的一切准备工作,严格检查工具电极与工件电极是否都已校正和固定好。

(2)调节好工具电极与工件电极之间的距离,锁紧工作台面,启动油泵,使工作液高于工件加工表面至少 5 mm 的距离后，才能启动脉冲电源进行加工。

（3）工具电极的装夹与校正，必须保证工具电极进给加工方向垂直于工作台面。

（4）操作中要注意检查工作液系统过滤器的滤芯，如果出现堵塞要及时更换，以确保工作液能自动保持一定的清洁度。

（5）在加工过程中，工作液的循环方法根据加工方式可采用冲油或浸油，以免失火。对于采用易燃类型的工作液，使用中要注意防火。

（6）机床运行时，不要把身体靠在机床上，不要把工具和量具放在移动的工件或部件上。

（7）中途停机时，应先使控制电流到最小值，待主轴回升原位，再将调压器退至零位，再切断电源。

（8）停机时，应先停脉冲电源，之后停工作液。加工中发生紧急事故时，可按【紧急停止】按钮来停止机床的运行。

（9）高频开启时，不允许同时接触工件和工具电极，以免发生触电危险。

（10）定期用手动油壶打油，保持工作台导轨和主轴的润滑。

（11）定期打扫控制柜内的灰尘及风扇，检查各接插件有无松动，隔断器是否完好。

（12）做到文明生产，加工操作结束后，必须打扫干净工作场地、擦拭干净机床，并且切断系统电源后才能离开。

（13）禁止操作者在机床工作过程中离开机床。

（14）禁止未经培训人员操作或维修本机床。

（15）绝对禁止在本机床存放的房间内吸烟及燃放明火，机床周围应存放足够的灭火设备。

（16）工程实践场所禁止吸烟，实现教学场地"无烟区"。

 思考与练习

结合身边的电火花成型机床，说说在加工中应如何注意安全。

模块七　模具电火花成型加工的基本操作

如何学习

本模块内容为模具电火花成型加工的基本操作，主要以培养动手能力为认知标准。

电火花成型机床操作步骤

数控电火花成型机床操作步骤一般是：开机—工件安装—电极安装—加工原点设定—程序输入—程序运行—零件检测—关机。

任务1　电火花成型机床操作准备

任务描述

按照所学的机床操作方法，灵活操作机床，熟悉操作面板各按键的功能。

学习目标

通过对数控电火花成型机床操作步骤，操作面板等知识的学习，能做到灵活操作机床。

任务分析

任务要求在正确掌握数控电火花成型机床操作面板各按键功能基础上，完成操作面板功能设定，电规准值设置，熟悉电火花成型机床操作步骤，实现灵活操作机床。

阅读与该任务相关的知识。

相关知识

1. 数控电火花成型机床的加工操作流程一般步骤

1）开机

数控电火花成型机床的开机，一般只需要按一下【ON】键或者旋动开关到"ON"的位置，然后进行回原点或机床复位操作。有的机床需要手动对各个坐标轴进行回原点操作，而且一般是先回 Z 坐标轴，然后再回 X 坐标轴，最后回 Y 坐标轴；有的机床的自动化程度较高，只需要敲击一下【回原点】键，机床便可自动回原点（自动回原点的顺序也是先回 Z 坐标轴，再回 X 坐标轴，最后回 Y 坐标轴）。如果不按照顺序，则可能使工具电极和工件或夹具发生碰撞，从而导致短路或使工具电极受到损伤。

2）工件安装

工件的安装就是使工件在机床上有准确且固定的位置，使之有利于加工和编写程序。安装时，一定要将工件固定，以免在加工时出现振动或移动。同时要尽量考虑用基准面作为定位面。例如，使用磁力吸盘装夹零件时，一般都将工件的底面放在吸盘上，另一个面紧贴在吸盘的侧面的定位面上定位，然后打开吸盘的磁力开关即可。

3）电极安装

工具电极的安装精度直接影响到加工的形状精度和位置精度，所以，其安装至关重要。一般电极都要求与 XY 平面（也就是水平面）垂直，且在 Z 轴方向也要符合要求，否则就可能导致加工出来的形状不符合要求，或出现位置偏差。一般都要通过杠杆百分表来对电极的 XY 方向找正，同时还要对它的 Z 轴方向找正。

4）加工原点设定

电极的定位一般是通过"靠模"来实现的。靠模就让数控装置引导伺服驱动装置驱动工作台或电极，使工具电极和工件相对运动并且接触，从而数字显示出工件相对于电极的位置的一种方法。靠模之后，我们就知道电极当前的位置，然后计算出加工位置距当前位置的距离，直接把电极移动相应的距离即可进行编程加工。如果加工位置正好在工件的中点或中心，则可以通过靠模后启动自动移到中点或直接启动自动寻心即可。

5）程序输入

通过靠模找到编程原点后，把编程原点的 X、Y 设为零，Z 设为 2.000。选择"程序编辑"的模式，再选择"多点加工"输入新程序名、靠模坐标系、安全高度、加工方式（单点或多点加工）。然后按【Esc】键返回上一个界面，选择"输入资料"，输入电极和工件的材料、最大和最小电流、加工深度、摇动类型、摇动尺寸。

6）程序运行

启动程序前，应仔细检查当前即将执行的程序是否为加工程序。程序运行时，应注意放电是否正常，工作液液面是否合理，火花是否合理，产生的烟雾是否过大。如果发现问题，应立即停止加工，检查程序并修改参数。

7）零件检测

取下工件，用相应测量工具进行检测，检查是否达到加工要求。常用的检测工具有游标卡尺、深度尺、内径千分尺、塞规、卡规、三坐标测量机等，针对不同的检测对象合理选用。

8）关机

关机的方式一般有两种：一种是硬关机，另一种是软关机。

硬关机就是直接切断电源，使机床的所有活动都立即停止，这种方法适用于遇到紧急情况或危险时紧急停机，在正常情况下一般不采用。具体操作方法是，按下【急停】按钮，再按下【OFF】键。

软关机则是正常情况下的一种关机方法，它是通过系统程序实现的关机。具体操作方法是在操作面板上进入关机窗口，按照提示输入"YES"或"Y"确认后，系统即可自动关机。

2．数控电火花成型机床操作面板各按键的功能

深圳福斯特的单轴数控电火花成型机床 DK7145NC 的操作面板，如图 7-1 所示。

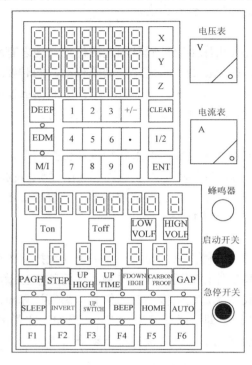

图 7-1　DK7145NC 的操作面板

图 7-1 所示的操作面板各按键的功能说明如表 7-1 所示。

表 7-1　操作面板各按键的功能

序　号	按键名称	功能说明
1	DEEP	定深
2	CLEAR	清零
3	ENT	确认输入
4	EDM	深度显示和轴位显示切换键，不亮时为轴位显示
5	M/I	公、英制转换键灯不亮时为公制
6	1/2	中心点位置显示键
7	Ton	脉宽
8	Toff	脉间
9	PAGH	页面
10	STEP	步序
11	UP HIGH	抬刀高度
12	UP TIME	抬刀时间
13	LOW VOLF	低压功率管（低压电流）
14	HIGH VOLF	高压功率管（高压电流）

续表

序　号	按键名称	功　能　说　明
15	FDOWN HIGH	快速下落高度
16	CARBON PROOF	防积碳
17	GAP	间隙电压
18	SLEEP	睡眠
19	INVERT	反打
20	UP SWITCH	抬刀切换
21	BEEP	消声（蜂鸣器）
22	HOME	回零
23	AUTO	自动
24	F1	慢抬刀
25	F2	分组脉冲
26	F3	提升间隙电压
27	F4	备用键
28	F5	备用键
29	F6	备用键

3. 手控盒各按键功能

深圳福斯特的单轴数控电火花成型机床 DK7145NC 的手控盒面板，如图 7-2 所示

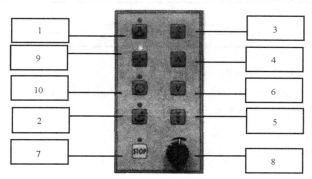

图 7-2　手控盒面板

图 7-2 所示手控盒面板各按键的功能说明见表 7-2。

表 7-2　手控盒面板各按键的功能说明

序　号	按键名称	功　能　说　明
1	加工（WORK）	对刀或拉表状态，按下它，条件满足时加工指示灯亮，开始放电加工，同时启动油泵，条件不满足时则报警。加工状态，再按下它，则切断加工电压，关闭油泵，主轴回退。回退到位切换到对刀状态时报警
2	油泵（PUMP）	按下它，灯亮，油泵启动，开始供应加工液；再按下它，关油泵
3	快退（FAST BACK）	按下它，主轴快退。对刀和短路状态下，则按下它无效
4	慢退（SLOW BACK）	按下它，主轴慢退

序　号	按键名称	功能说明
5	快进（FAST FEED）	按下它，主轴快进。对刀和短路状态下，则按下它无效
6	慢进（SIOW FEED）	按下它，主轴慢进
7	悬停（STOP）	按下它，键灯亮，主轴悬停，则【快退】、【慢退】、【快进】、【慢进】键无效。再按下它，键灯灭，主轴悬停取消，则【快退】、【快进】、【慢退】、【慢进】键有效
8	伺服旋钮	旋转旋钮，用于调节伺服灵敏度。顺时针方向调，灵敏度增高，伺服速度增加；逆时针方向调，灵敏度降低，伺服速度亦降低
9	对刀（EDGE FIND）	按下它，对刀灯亮，系统进入对刀状态；加工指示灯亮时按下它，则切断加工电压，关油泵，系统转换到对刀状态；拉表灯亮时按下它，对刀灯亮，系统转换到对刀状态
10	拉表（ALIGN）	加工灯亮时按下它，则切断加工电压，关油泵，拉表灯亮，系统转换到拉表状态；对刀灯亮时按下它，则拉表灯亮，系统转换到拉表状态；拉表灯亮时该键无效

4．数控电火花成型机床规准值范围及设置

1）规准值范围

（1）脉宽（Ton）：在脉宽显示值为 1～989（μs）时，为实际输出值；在脉宽显示值为 990～999（μs）时，输出值和显示值的对应关系如表 7-3 所示。

表 7-3　输出值和显示值的对应关系　　　　　　　　单位：μs

显示值	990	991	992	993	994	995	996	997	998	999
输出值	1100	1200	1300	1400	1500	1600	1700	1800	1900	2000

（2）脉间（Toff）：10～999（μs）。

（3）低压（LOW VOLF）：0，03，05，1～30。如果低压值=03，输出电流约为 0.3 A；如果低压值=05，输出电流约为 0.5 A。

（4）高压（HIGH VOLF）：0～3。

（5）页面（PAGH）：0～9。

（6）步序（STEP）：0～9。

（7）抬刀高度（UP HIGH）：1～9（mm）。显示值与实际抬刀高度对应值的关系如表 7-4 所示。

表 7-4　显示值与实际抬刀高度对应值的关系　　　　　　　　单位：mm

显示值	1	2	3	4	5	6	7	8	9
对应值	0.2	0.3	0.4	0.5	0.6	0.8	1.1	1.5	2.0

（8）抬刀周期（UP TIME）：0～9（s）。抬刀周期为 0，即加工时不抬刀；显示值与实际抬刀周期对应值的关系如表 7-5 所示。

表 7-5　显示值与实际抬刀周期对应值的关系　　　　　　　单位：s

显示值	1	2	3	4	5	6	7	8	9
对应值	0.5	1	2	4	6	8	10	12	20

（9）快落高度（FDOWN HIGH）：0～9。此按键为实现两级抬刀而设置，快落高度设为 0 时，系统无两级抬刀；设为 1～9 时，可实现两级抬刀。显示值与实际快落高度对应值的关系如表 7-6 所示。

表 7-6　显示值与实际快落高度对应值的关系　　　　　　　单位：ram

显示值	1	2	3	4	5	6	7	8	9
对应值	0.2	0.25	0.3	0.4	0.5	0.6	0.8	1.1	1.5

（10）防积碳（CARBON PROOF）：0～9。防积碳设为 0 时，不进行积碳检测。

（11）间隙电压（GAP）：1～9。各挡间隙电压的改变，随脉宽、脉间的变化而定。

（12）X、Y、Z 深度：−999.995～+999.995（ram）。

2）加工规准设置

根据加工要求设置加工规准（包括电流、脉宽、脉间、抬刀等参数），具体说明如下。

（1）粗加工时，为了获得较快的加工速度，应选择大脉冲宽度和大电流，电流选择时应考虑电极尺寸；脉冲间隔从加工速度方面考虑选择应尽量小，只要不拉弧即可；但小脉冲间隔易造成加工条件恶化，间接造成电极损耗增大，选择时应留有余量。为了获得较小的电极损耗，应选择负极性加工，即工件接负极、电极接正极。在 DK7145NC 上粗加工时，脉冲宽度可选 300～800 ps，脉冲间隔可选 80～250 ps。对于紫铜电极，选择 300～800 ps 脉冲宽度；对于石墨电极，脉冲宽度可选 300～500 ps。电流可根据电极面积选择，一般单位面积电流不超过 10A。由于排屑条件较好，可选择较长的抬刀时间和较大的抬刀高度。

（2）中加工时，选择规准应比粗加工时小一些，以获得较好的表面粗糙度和尺寸精度，为精加工打好基础。脉冲宽度可选 80～300 ps，脉冲间隔相应为 100 ps 以上，电流比粗加工时要小些，极性选择为负极性。

（3）精加工时，以获得良好的表面粗糙度和尺寸精度为主要目的，脉冲宽度要小，电流也要小；由于排屑条件恶劣，脉冲间隔应选大一些，抬刀次数要频繁而高度要低，以保证加工稳定。脉冲宽度选择 80ps 以下，脉冲间隔选择放电稳定即可。

完成任务/操作步骤

1．机床操作步骤

（1）开机。

开启总电源：检查机床电源线无误后，向上扳动电源柜的左侧面三联主电源空气开关；给接触器控制电源通电，松开【急停】按钮。

按【启动】按钮：系统进行自检，指示灯全亮，三轴显示 888.888，规准值显示 88—88；

几秒钟后，系统结束自检，三轴及规准值显示上次关机时的值，主轴悬停，公/英制和反打指示灯指示上次关机时的状态。

（2）将电极装夹在主轴头上。装夹电极、工件时，机床手控盒面板一定要置于对刀状态，以防触电。

（3）校正电极并调节主轴行程至合适位置。机床手控盒面板置于拉表状态，拉表找正电极，调节电极夹头上的调节螺钉，调节电极两个方向的倾斜度并旋转电极，以找正电极。

（4）找正加工基准面和加工坐标。将工件装夹在工作台上，拉表找正工件，找正加工位置。机床横向行程和纵向行程上分别装有数显尺，可以用碰边定位法找正加工位置。也就是机床置于对刀状态，摇动横向或纵向行程使电极位于工件外面，控制主轴向下运动使电极停在低于工件加工面的位置，摇动行程使电极靠近工件，当蜂鸣器响时记下此时的位置。对于以所碰边为定位的尺寸，可以摇动行程，从尺上读出移动值，而定出加工位置；需要取中心的工件，可以先从一边取到位置，把此点清零后，再从对边依此方法取出另一边位置，按下【1/2】键即可定出加工中心。

（5）设置电加工规准和各个电参数。

（6）启动油泵设置液位到合适位置。

（7）放电加工。完成设定并对正主轴起始位置后，按下【加工】键。可按【快下】键让主轴快速接近工件，当快接近工件时，放开【快下】键，以伺服值开始进给。放电开始后，调节伺服值使间隙电压合适、放电稳定。各个加工规准电参数在加工过程中可视加工情况进行修改，但必须在指导教师的指导下进行操作。

（8）加工完毕，升起主轴，按下【急停】按钮。

（9）关油泵。

（10）关闭总电源，清扫机床卫生。

知识链接

1．数控电火花成型机床操作面板功能设定

1）轴位设定

（1）深度显示和轴位显示切换键。按 EDM 灯亮，显示深度值画面；自动加工时 X 轴位显示为目标深度值，Y 轴位显示为实际加工深度值；再按 EDM 灯灭，显示 X、Y、Z 三轴位置画面；该键在非自动加工时无效。

（2）设定各轴位置（EDM 灯灭时）。对于轴及深度值的设定，在公制显示（即公/英制指示灯灭）时，如果最后一位为 0～4，确认后则为 0，如果最后一位为 5～9，确认后则为 5。

（3）深度设定键（DEEP）。EDM 灯亮时有效，操作同上设定。

（4）轴位清零键（CLEAR）。选定某一轴，按下该键（该键在加工时无效），将该轴显示清零。

（5）中心点位置显示键（1/2）。当在寻找工件中心点时，移动工作台以电极轻触工件的一端，选定轴位按下清零键；再移动工作台以电极轻触工件的另一端，再选定轴位按下【1/2】键，对应轴值会变为原来的 1/2；此时再移动工作台，当该轴的显示为 0 时即为所找的中心点。该键对 Z 轴无效，在加工时无效。

（6）公/英制单位切换键。按 M/I 对应指示灯亮，轴位显示值为英制，再按 M/I 对应指示灯灭，轴位显示值为公制。该键在加工时无效。

2）规准设定

规准设定是指对脉宽、脉间、高压、低压、抬刀高度、抬刀周期、快落高度、防积碳、间隙等参数的设定。其设定原则为，如果输入值大于该值允许的最大值（或小于最小值），确认后即为其最大值（或小于最小值）。

 思考与练习

1. 数控电火花成型机床操作一般流程是什么？
2. 数控电火花成型机床面板按键有哪些功能？
3. 数控电火花成型机床手控盒按键有哪些功能？

电火花成型机床加工过程中工件常用装夹方法

数控电火花成型机床加工中工件常用的装夹方法一般有永磁吸盘装夹法、平口钳装夹法、导磁块装夹法、斜度工具装夹法等。

任务2　工件的装夹与校正

 任务描述

按照所学的数控电火花成型机床加工中工件装夹与校正方法，完成工件的装夹与校正。工件如图 7-3 所示。

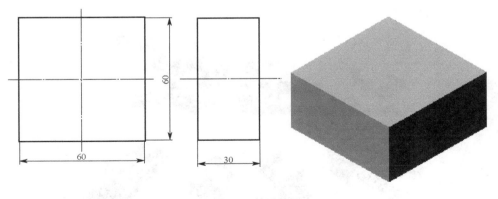

图 7-3　工件零件图

学习目标

掌握数控电火花成型机床加工中工件装夹与校正方法。在数控电火花成型机床加工时熟练地完成工件的装夹与校正。

任务分析

任务要求在正确掌握数控电火花成型机床加工中工件装夹与校正方法的基础上，完成在数控电火花成型机床加工时工件的装夹与校正。

阅读与该任务相关的知识。

相关知识

1. 数控电火花成型机床加工中工件常用的装夹方法

1）永磁吸盘装夹

永磁吸盘（见图 7-4）是使用高性磁钢，通过强磁力来吸附工件的。它吸夹工件牢靠、精度高、装卸速度快，是较理想的电火花机床装夹设备。它也是电火花加工中最常用的装夹方法。用永磁吸盘装夹工件时，一般用压板把永磁吸盘固定在电火花机床的工作台面上。

永磁吸盘的磁力是通过吸盘内六角孔中插入的扳手来控制的。当扳手处于 OFF 侧时，吸盘表面无磁力，这时可以将工件放置于吸盘台面，然后将扳手旋转至
ON 侧，工件就被吸紧于吸盘上。ON/OFF 切换时磁力面的平面精度不变。

图 7-4　HZ 系列强力角型永磁吸盘

永磁吸盘适用于装夹安装面为平面的工件或辅助工具。

2）平口钳装夹

平口钳是通过固定钳口部分对工件进行装夹定位，通过锁紧滑动钳口来固定工件的。平口钳的常见形式如图 7-5 所示。

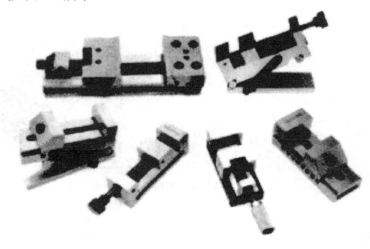

图 7-5　平口钳的常见形式

对于一些因安装面积小，用永磁吸盘安装不牢靠的工件，或一些特殊形状的工件，可考虑使用平口钳来进行装夹。

3）导磁块装夹

导磁块（图 7-6）应放置在永磁吸盘台面上才能使用，它是通过传递永磁吸盘的磁力来吸附工件的。使用时要使导磁块磁极线与永磁吸盘磁极线的方向相同，否则不会产生磁力。

有些工件需要悬挂起来进行加工，可以采用两个导磁块来支撑工件的两端，使加工部位的通孔处于开放状态，这样就可以改善加工中的排屑效果。

4）斜度工具装夹

对于安装面相对加工平面是斜面的工件，装夹要借助具有斜度功能的工具来完成。

正弦磁盘（图 7-7）的结构类似于永磁吸盘，它通过本身产生的磁力吸附工件，是用来装夹具有斜度的工件的常用工具。

图 7-6　导磁块

图 7-7　一体超薄正弦磁盘

图 7-8　角度导磁块

角度导磁块（图 7-8）与前面介绍的导磁块属于同类工具，也是通过传递永磁吸盘的磁力来固定工件的，用来装夹具有对应斜度的工件。角度导磁块的 V 形槽角度一般为 45°，不能调节，只能用于装夹对应斜度的工件。由于不需要对角度进行调节，故装夹精度比较好，使用方便。

2. 数控电火花成型机床加工中工件的校正

工件装夹完成以后，要对其进行校正。工件的校正就是使工件的工艺基准与机床 X、Y 轴的轴线平行，以保证工件的坐标系方向与机床的坐标系方向一致。

使用校表来校正工件是在实际加工中应用最广泛的校正方法。校表的结构由指示表和磁性表座组成，如图 7-9 所示。指示表有千分表和百分表两种，百分表的指示精度最小为 0.01 mm，千分表的指示精度最小为 0.001 mm。数控电火花加工属于精密加工范畴，一般使用千分表校正工件。磁性表座用来连接指示表和固定端，其连接部分可以灵活地摆成各种样式，使用非常方便。

用校表校正时工件必须要有一个明确的、容易定位的基准面。这个基准面必须经过精密加工，一般以磨床精加工的表面为标准。

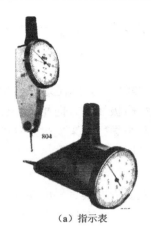
（a）指示表

（b）磁性表座

图 7-9　校表的组成

　　校正工件时，将千分表的磁性表座固定在机床主轴侧或床身某一适当位置，同时将表架摆放到能方便校正工件的样式；再使用手控盒移动相应的轴，使千分表的测头与工件的基准面相接触，直到千分表的指针有指示数值为止（一般指示到 30 的位置即可）。然后纵向或横向移动机床主轴，根据千分表的读数变化调节工件基准面使其与机床 X、Y 轴平行。使用铜棒敲击工件来调整平行度，如果千分表指针变化很大，可以在调节中稍用力进行敲击，如果千分表指针变化很小，就要耐心地轻轻敲击，直到满足精度要求为止。

　　对于使用安装工具来安装工件的场合，校正工件前，应先将安装工具的基准面校正好并固定在工作台上，再校正或检查工件的平行度。

　　平口钳的固定钳口是装夹工件时的定位元件，因此，通常采用找正固定钳口的位置使平口钳在机床上定位。

　　使用角度导磁块时，应先校正 V 形槽与机床纵向或横向的轴向平行度；使用正弦磁盘时，应先校正正弦磁盘的基准与机床相应轴的平行度，然后安装、校正工件，最后摆正斜度。如果提前将角度摆正好，将会使校正工件的操作变得非常不方便。

　　遇到批量工件加工的场合，重复进行工件的校正比较烦琐，如果加工精度要求不是太高，可采用基准靠平的方法来简化操作：先将一物体的基准面校正好，并将此物体固定，以后将工件的基准面靠平该物体的基准面。这种方法校正精度波动范围在 0.02 mm 左右。

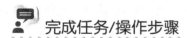 完成任务/操作步骤

1．装夹工件

用永磁吸盘装夹工件。

2．校正工件

参照图 7-10，对已装夹在数控电火花成型机上的工件进行校正。

利用百分表校正工件，具体操作步骤如下。

（1）固定百分表的磁性表座于机床主轴侧的下端。

（2）将表架摆放成方便校正的样式。

（3）用手控盒移动相应的轴，使表头刚好接触工件的基准面。

（4）纵向或横向移动机床主轴，观察百分表的读数。

（5）用铜棒敲击工件，调整工件的平行度。

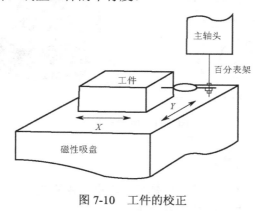

图 7-10　工件的校正

 知识链接

 思考与练习

1. 数控电火花成型机床加工中工件常用的方法有哪些？
2. 数控电火花成型机床加工中工件校正的方法有哪些？

电火花成型机床加工过程中电极常用的装夹方法

分别利用标准套筒形夹具、钻夹头夹具、螺纹夹头夹具、连接板式夹具，在数控电火花成型机床的主轴头上装夹电极。

任务3　电极的装夹与校正

 任务描述

按照所学的数控电火花成型机床加工中电极装夹与校正方法，完成电极的装夹与校正。电极如图 7-11 所示。

 学习目标

掌握数控电火花成型机床加工中电极装夹与校正的方法。在数控电火花成型机床加工时准确地完成电极的装夹与校正。

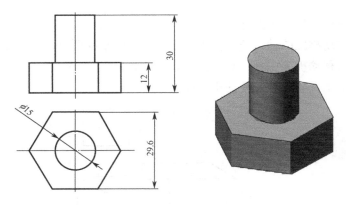

图 7-11　电极零件图

任务分析

任务要求在正确掌握数控电火花成型机床加工中电极装夹与校正方法的基础上，完成在数控电火花成型机床加工时电极的装夹与校正。

阅读与该任务相关的知识。

相关知识

1．数控电火花成型机床加工中电极的装夹

安装电极时，一般使用通用夹具或专用夹具直接将电极装夹在机床主轴的下端。对于小型的整体式电极，多数采用通用夹具直接装夹在机床主轴的下端，采用标准套筒、钻夹头装夹，如图 7-12、图 7-13 所示；对于尺寸较大的电极，常将电极通过螺纹连接直接装夹在夹具上，如图 7-14 所示。

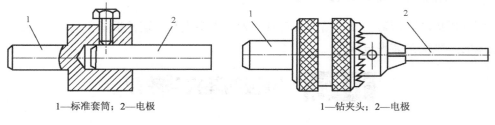

1—标准套筒；2—电极

图 7-12　标准套筒形夹具

1—钻夹头；2—电极

图 7-13　钻夹头夹具

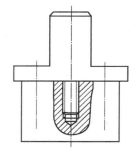

图 7-14　螺纹夹头夹具

　　镶拼式电极的装夹，一般先用连接板将几块电极拼接成所需的整体，然后再用机械方法固定，如图7-15（a）所示；也可用聚氯乙烯醋酸溶液或环氧树脂黏合，如图7-15（b）所示。在拼接时各结合面需平整密合，然后再将连接板连同电极一起装夹在电极柄上。

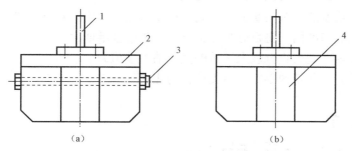

1—电极柄；2—连接板；1—螺栓；2—黏合剂

图7-15　连接板式夹具

2．数控电火花成型机床加工中电极的校正

　　电极装夹好后，必须进行校正才能加工，即不仅要调节电极与工件基准面垂直，而且需在水平面内调节、转动一个角度，使工具电极的截面形状与将要加工的工件型孔或型腔定位的位置一致。电极校正的方法一般有如下两种。

　　（1）根据电极的侧基准面，采用千分表找正电极的垂直度，如图7-16所示。

　　（2）根据电极端面火花放电精确校正。如果电极端面为平面，可用电极装夹的调节装置使电极端面与模块平面进行火花放电，通过调节使四周均匀地出现放电火花，即可完成电极的校正。

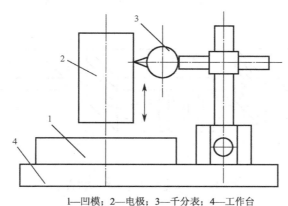

1—凹模；2—电极；3—千分表；4—工作台

图7-16　千分表找正示意图

完成任务/操作步骤

1．装夹电极

电极为小尺寸整体式电极，采用标准套筒或钻夹头装夹。

2. 校正工件

利用百分表校正工件，具体操作步骤如下。

（1）将主轴移动到便于校正电极的合适位置。

（2）将可调节角度的夹头用螺钉调节到大概中心处，使中心刻度线对齐。

（3）选择校正的基准面，将百分表测头压在电极的基准面上。

（4）移动坐标轴，观察百分表上读数的变化估测差值。

（5）不断调整夹头装置的螺钉，直到校正为止。

 知识链接

当电极采用石墨材料时，应注意以下几点。

（1）由于石墨较脆，故不宜攻螺孔，可用螺栓或压板将电极固定于连接板上。石墨电极的装夹如图 7-17 所示。

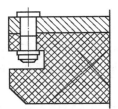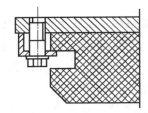

图 7-17　石墨电极的装夹

（2）不论整体的还是拼合的电极，都应使石墨压制时的施压方向与电火花加工时的进给方向垂直。图 7-18（a）所示箭头为石墨压制时的施压方向，图 7-18（b）为不合理的拼合，图 7-18（c）为合理的拼合。

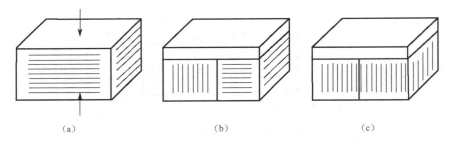

| (a) | (b) | (c) |

图 7-18　石墨电极的方向性与拼合法

 思考与练习

1. 数控电火花成型机床加工中电极常用的方法有哪些？

2. 数控电火花成型机床加工中电极校正的方法有哪些？

什么是电火花成型机床加工过程中的电极定位

电极相对于工件定位是指将已安装校正好的电极对准工件上的加工位置，以保证加工的型孔或型腔在凹模上的位置精度。习惯上将电极相对于工件的定位过程称为找正。

 任务4　电极定位

 任务描述

利用数控电火花成型机床的 MDI 功能手动操作实现电极定位于型腔的中心。

 学习目标

掌握用数控电火花成型机床的 MDI 功能，手动操作实现电极定位于型腔的中心。

 任务分析

任务要求在数控电火花成型机床的 MDI 功能下，用程序段手动实现电极定位。

阅读与该任务相关的知识。

相关知识

1. 数控电火花成型机床加工中电极的定位

电极相对于工件定位是指将已安装校正好的电极对准工件上的加工位置，以保证加工的型孔或型腔在凹模上的位置精度。习惯上将电极相对于工件的定位过程称为找正。目前生产的大多数电火花机床都有接触感知功能，通过接触感知功能能较精确地实现电极相对工件的定位。

目前生产的许多电火花成型机床都有找中心的按钮，这样可以避免手动输入过多的指令，但同样要多次找正，至少保证最后两次的找正位置基本重合。

电极的定位也有通过靠模来实现的。靠模，就是让数控装置引导伺服驱动装置驱动工作台或电极，使工具电极和工件间相对运动并且接触，从而数字显示出工件相对于电极的位置的一种方法。靠模之后，我们就知道电极当前的位置，然后计算出加工位置距当前位置的距离，再直接把电极移动相应的距离即可进行编程加工。如果加工位置正好在工件的中点或中心，则可以通过靠模，然后启动自动移到中点或直接启动自动寻心即可。

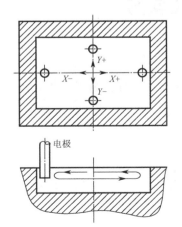

图 7-19　工件中心找正示意图

 完成任务/操作步骤

（1）利用数控电火花成型机床的 MDI 功能手动操作实现电极定位，如图 7-19 所示。

将工件型腔、电极表面的毛刺去除干净，手动移动电极到型腔的中心，执行如下指令：

G80 X-；	电极向 **X**–方向接触感知
G92 G54 X0；	**G54** 坐标系下设置 **X** 为 0
M05 G80 X+；	忽视接触感知，电极向 **X**+方向接触感知
M05 G82 X；	忽视接触感知，电极移到 **X** 方向的中心
G92 X0；	**G54** 坐标系下设置 **X** 为 0
G80 Y-；	电极向 **Y**–方向接触感知
G92 Y0；	**G54** 坐标系下设置 **Y** 为 0
M05 G80 Y+；	忽视接触感知，电极向 **Y**+方向接触感知
M05 G82 Y；	忽视接触感知，电极移到 **Y** 方向的中心
G92 Y0；	**G54** 坐标系下设置 **Y** 为 0

通过上述指令操作，电极找到了型腔的中心。但考虑到实际操作中由于型腔、电极有毛刺等意外因素的影响，应确认找正是否可靠。所以，在找到型腔中心后，应执行如下指令：

G92 G55 X0 Y0； 将目前找到的中心在 **G55** 坐标系内的坐标值也设定为 **X0 Y0**

然后再重新执行前面的找正指令，找到中心后，观察 G55 坐标系内的坐标值。如果与刚才设定的零点相差不多，则认为找正成功；若相差过大，则说明找正有问题，必须接着进行上述步骤，至少保证最后两次的找正位置基本重合。

 思考与练习

1. 数控电火花成型机床的 MDI 功能下运行各程序段的含义是什么？

电火花成型机床编程加工的常用指令

电火花成型机床编程加工的常用指令包括 G30、G54、G55、G56、G57、G58、G59、G92、G90、G91、G80、G82、M 代码、C 代码、T 代码等。

任务5　电火花成型编程加工实例

 任务描述

按照所学的数控电火花成型机床编程加工的方法，完成零件加工的程序编制，并电火花成型加工此零件。零件如图 7-20 所示。

 学习目标

掌握数控电火花成型机床程序编制。完成零件的电火花成型加工。

 任务分析

任务要求正确掌握数控电火花成型机床的编制程序的指令及方法，编制程序，完成在数控电火花成型机床中自动加工零件。

阅读与该任务相关的知识。

相关知识

与其他数控加工的程序相比，由于电火花加工的运动轨迹比较简单。所以，电火花加工的程序相对来说也比较简单。数控电火花程序以.NC 为后缀，其结构没有严格规定，只要能被数控系统识别，适合机床执行就可以了。总的来讲，数控电火花加工与其他数控加工编程的方法、指令、技巧是基本一致的。

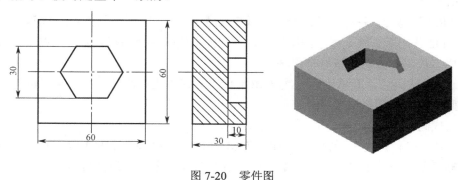

图 7-20　零件图

1．数控电火花成型机床加工的常用编程指令

1）抬刀控制指令 G30

G30 为指定抬刀方向，后接轴向指定指令，如"G30 Z+"表示抬刀方向为 Z 轴正向。

2）选择坐标系指令 G54、G55、G56、G57、G58、G59

这组代码用来选择坐标系，可与 G92、G00、G91 等一起使用。

3）感知指令 G80

G80 指定电极沿指定方向前进，直到电极与工件接触为止。方向用"+"、"−"号表示（"+"、"−"号均不能省略）。如"G80X-"表示使电极沿 X 轴负方向以感知速度前进，接触到工件后，回退一段距离，再接触工件，再回退。上述动作重复数次后停止，确认已找到了接触感知点，并显示"接触感知"。接触感知可由如下三个参数设定。

感知速度：即电极接近工件的速度，从数值 0～255，数值越大，速度越慢。

回退长度：即电极与工件脱离接触的距离，一般为 250 μm。

感知次数：即重复接触次数，从 0～127，一般为 4 次。

4）电极居中指令 G82

G82 使电极移到指定轴当前坐标的 1/2 处，假如电极当前位置的坐标是 X100.Y60.，执行"G82X"命令后，电极将移动到 X50.Y60.处。

5）坐标参考点指令 G90、G91

G90 为绝对坐标编程指令，即所有点的坐标值均以坐标系的零点为参考点。

G91 为增量坐标编程指令，即当前点的坐标值是以上一点为参考点度量的。

6）坐标系设定指令 G92

G92 把当前点设置为指定的坐标值，如"G92 X0 Y0"把当前点设置为（0，0），又如

"G92 X10 Y0"把当前点设置为（10，0）。

注意：G92 只能定义当前点在当前坐标系中的坐标值，而不能定义该点在其他坐标系的坐标值。

7）变量值 H

H从H000～H999共有1 000个补偿码，可通过赋值语句"H—"赋值，范围为0～99 999 999。

8）M 代码、C 代码、T 代码

（1）M 代码。

执行 M00 代码后，程序暂停运行，按【Enter】键后，程序接着运行下一段。

执行 M02 代码后，整个程序结束运行，所有模态代码的状态都被复位，也就是说，上一个程序的模态代码不会影响下一个程序。

执行 M05 代码后，脱离接触一次（M05 代码只在本程序段有效）。当电极与工件接触时，要用此代码才能把电极移开。

（2）C 代码。

在程序中，C 代码用于选择加工条件，格式为 C***，C 和数字间不能有别的字符，数字也不能省略，不够三位要补"0"，如 C005。各参数显示在加工条件显示区中，加工中可随时更改。系统可以存储 1 000 种加工条件，其中 0～99 为用户自定义加工条件，其余为系统内定加工条件。

（3）T 代码。

T 代码有 T84 和 T85。T84 为打开液泵指令，T85 为关闭液泵指令。

2．主程序和子程序

数控电火花程序的主体分为主程序和子程序。数控系统执行程序时，按主程序指令运行，在主程序中遇到调用子程序的情形时，数控系统将转入子程序按其指令运行，当子程序调用结束后，便重新返回主程序继续执行。

在大多数系统中，主程序和子程序必须在同一个程序中，一般将子程序编写在主程序的尾端。

1）主程序

主程序是整个数控程序的主体，我们把第一次调用子程序的程序称为主程序。主程序通常包括工件坐标系、尺寸单位、工作平面、设备控制、变量值等基本加工状态和命令。主程序调用子程序的指令为 M98，主程序终止运行的指令为 M02。

2）子程序

子程序由以 N 开头的顺序号、程序主体和结束子程序的指令"M99"组成。

顺序号与主程序或上一层子程序的调用顺序号（P）相对应；程序主体包括加工的具体内容；"M99"作为子程序的结束标识。

子程序是由主程序或上一层子程序调用执行的。子程序调用指令格式为

M98 P××××L××××（P 为调用子程序指令，××××为程序顺序号，L×××为子程序调用次数）

"L×××"省略时，则子程序调用次数为默认值1，如为"L0"，则不调用此子程序。例如，M98 P0001 L5 表示顺序号为 N0001 的子程序被连续调用 5 次。

注意：①调用子程序的顺序号（P）与子程序的顺序号（N）必须相同，否则会出现找不到指定子程序时的报警；②子程序结束部分必须要有"M99"指令，否则会发生程序循环运行的现象。

 完成任务/操作步骤

根据零件图编写加工程序如下：

T84;	开冷却液
G90;	绝对坐标系
G30 Z+;	抬刀方向为 Z+
H970—10.0;	加工深度为 10 mm
H980—1.0;	停止位置为 Z 轴 1 mm 处
G00 Z0+H980;	主轴快速移至 Z 轴 1 mm 处
M98 P0130;	调用 P0130 子程序，第一个加工条件 C130 加工
T85;	关冷却液
M02;	程序结束
N0130;	子程序的顺序号是 N0130
G00 Z+0.5;	主轴快速移至 Z 轴 0.5mm 处
C130;	放电条件为 C130
G01 Z+0.23—H970;	加工深度为（0.23—10）mm
M05 G00 Z0+H980;	忽视接触感知，主轴快速移至 Z 轴 1mm 处
M99;	子程序结束

思考与练习

1. 数控电火花成型机床加工编程的常用指令有哪些？
2. 数控电火花成型机床加工编程方法有哪些？

反侵权盗版声明

　　电子工业出版社依法对本作品享有专有出版权。任何未经权利人书面许可，复制、销售或通过信息网络传播本作品的行为；歪曲、篡改、剽窃本作品的行为，均违反《中华人民共和国著作权法》，其行为人应承担相应的民事责任和行政责任，构成犯罪的，将被依法追究刑事责任。

　　为了维护市场秩序，保护权利人的合法权益，我社将依法查处和打击侵权盗版的单位和个人。欢迎社会各界人士积极举报侵权盗版行为，本社将奖励举报有功人员，并保证举报人的信息不被泄露。

举报电话：（010）88254396；（010）88258888

传　　真：（010）88254397

E-mail：　dbqq@phei.com.cn

通信地址：北京市万寿路 173 信箱

　　　　　电子工业出版社总编办公室

邮　　编：100036